爱上编程
CODING

A STEP-BY-STEP GUIDE
TO COMPUTER CODING

HOW TO CODE

[英] 马克斯·韦恩赖特
(Max Wainewright) 著

网易有道卡搭工作室 译

Scratch Python HTML JavaScript

编程超有趣

Scratch、Python、HTML、JavaScript
编程轻松入门

（附给家长和老师的指导手册）

U0233666

人民邮电出版社
北京

图书在版编目（CIP）数据

编程超有趣：Scratch、Python、HTML、JavaScript编程轻松入门：附给家长和老师的指导手册 / （英）马克斯·韦恩赖特（Max Wainewright）著；网易有道卡搭工作室译. -- 北京：人民邮电出版社，2020.9

（爱上编程）

ISBN 978-7-115-53523-8

Ⅰ. ①编… Ⅱ. ①马… ②网… Ⅲ. ①程序设计—少儿读物 Ⅳ. ①TP311.1-49

中国版本图书馆CIP数据核字(2020)第037402号

内 容 提 要

本书通过 Scratch、Python、HTML、JavaScript 等几种热门编程语言，带领青少年循序渐进地学习编程，从认识编程开始，到全面掌握每种编程语言的技术与技巧，最终充分理解编程的逻辑思维。本书内容丰富有趣，易于理解且互动性强。随书附赠"给家长和老师的指导手册"，帮助家长和老师更科学地指导青少年进行学习。

♦ 著　　　[英] 马克斯·韦恩赖特(Max Wainewright)

　　译　　　网易有道卡搭工作室

　　责任编辑　魏勇俊

　　责任印制　彭志环

♦ 人民邮电出版社出版发行　　北京市丰台区成寿寺路 11 号

　　邮编　100164　　电子邮件　315@ptpress.com.cn

　　网址　https://www.ptpress.com.cn

　　雅迪云印（天津）科技有限公司印刷

♦ 开本：787×1092　1/16

　　印张：12.25　　　　　　　　2020 年 9 月第 1 版

　　字数：351 千字　　　　　　　2020 年 9 月天津第 1 次印刷

　　著作权合同登记号　图字：01-2018-1413 号

定价：89.00 元（全 2 册）

读者服务热线：(010) 81055493　印装质量热线：(010) 81055316

反盗版热线：(010) 81055315

广告经营许可证：京东市监广登字 20170147 号

编程超有趣

初始编程

1 2 3 4

资源汇总

首先，我们教大家如何获取并下载安装LOGO和Scratch的开发工具。

LOGO

早在40多年前，西蒙·派珀特博士发明了LOGO编程语言。近些年来，LOGO衍生出许多新的版本。如果你拥有一台自己的计算机，直接在MSWLOGO官网就能下载并安装免费版本的LOGO。你也可以通过访问Turtle Academy官网进入"playground"或搜索"LOGO Interpreter"进入其官网直接在线使用LOGO。

Scratch

无论你用的是使用Windows操作系统的计算机还是苹果电脑，你都可以通过打开网络浏览器并进入Scratch官网直接使用Scratch。进入官网后，单击"**创建**"或"**开始创作**"按钮就可以开始使用Scratch了。

有一个非常类似的网站叫作"Snap"，它也适用于iPad。

如果你想在不联网的情况下运行Scratch，可以从Scratch官网直接下载安装包进行安装。

赶快下载Scratch机器人精灵吧！扫描右侧的二维码或是前往页面http://www.qed-publishing.co.uk/extra-resources.php。

网络使用安全提示

儿童需在成年人的指导下访问和使用互联网，尤其是初次访问某个未知网站时。

目录　第1部分

Enter ↵

简介

本书将会教你如何去编程——当然，所谓的编程，只不过是"让你告诉计算机如何去工作"的另一种说法。首先，我们认识一下可爱的艾达机器人（艾达的名字来自世界上第一个计算机程序员：艾达·洛芙莱斯）。

艾达介绍

约200年前，艾达·洛芙莱斯出生在英国的一户人家。她设计了一套指令，使机器可以按照指令一步步解决问题，这些指令就是现在我们所说的程序。但是，在那个年代计算机还未出现，艾达的想法也就无法被验证！

编程是什么？

编程就是指写下一连串的字母或者"代码"，告诉计算机去做什么的过程。我们需要用计算机能够理解的特定语言进行编程。本书第一部分介绍了两种语言：LOGO和Scratch。所有的计算机都依赖程序来完成任务。笔记本电脑、平板电脑、手机、台式计算机都是如此。

计算机结构

输入设备

鼠标、键盘和触摸屏都属于"输入设备"。我们可以通过这些设备把信息传递到计算机内部。

输出设备

打印机、屏幕和扬声器属于"输出设备"。输出设备可以将计算机内部的信息传递给我们。

下达指令

我们往往有很多种说法来让别人做事。如果有人对我们说"把灯打开"、"请开灯"甚至"屋里有点儿暗,开个灯吧",我们都能理解需要去做什么。但是在编写计算机程序时,我们必须要严格使用准确的单词,而且顺序也不能出错。那些告诉计算机和人类该去做什么的语句被称作指令。

做一顿早餐

假设你正在编写一段程序,让我们亲爱的机器人小伙伴艾达替我们制作早餐。你知道下面这些步骤的正确顺序吗?

1 打开麦片的盒子。

2 往麦片里加一些牛奶。

3 掀开牛奶包装盒的盖子。

4 抓一把麦片放在碗里。

5 从碗柜里取出一只碗。

模仿机器人

现在是模仿机器人的时刻! 模仿机器人的游戏可以帮助我们思考如何下达准确的指令。请找一个小伙伴协助完成游戏。

你和你的小伙伴,其中一人扮演机器人,另一人扮演程序员,给机器人下达指令,让机器人根据指令走到门口。你们发出的指令只能来自于以下4条。

前进

左转

右转

停止

错误指令!

错误指令!

机器人艺术家

这款游戏可以帮助大家复习巩固如何发出指令。

以下是你需要准备的。

① 邀请一位同伴。
② 几张白纸。
③ 一支铅笔。

请和你的同伴坐在桌旁。你们其中一人扮演机器人，另一人扮演程序员。程序员需要向机器人发出指令，指导机器人完成下列任何一个图形。机器人按照程序员的指令，移动铅笔在白纸上画图。机器人必须严格遵守程序员的指令。程序员发出的指令仅限于以下5条。

如果大家玩得很熟练了，可以试着让机器人闭着眼睛玩。但小心别画到桌面上。

你还能让机器人画点别的吗？

关键词
程序: 程序是一系列计算机或者机器人的指令集合。

步步为营

程序是使计算机完成一项项任务的指令序列。有些时候，我们需要编写一段程序来解决一个特定的问题。为了解决这个问题，首先需要分解程序执行的步骤 —— 这个过程就是算法。

方格旅行

摆在我们面前的任务是：机器人艾达需要从方格3走到方格4。请为艾达设计一套行走的指令集合。

艾达按照下面这个顺序行走，就能从方格❸走到方格❹。

↑ 向上　→ 向右　↑ 向上　→ 向右　→ 向右　↓ 向下　→ 向右

假设阿达从方格❶出发，按照下面的顺序行走，最后会走到哪儿呢？答案在第32页。

↓ 向下　↓ 向下　↓ 向下　↓ 向下　↓ 向下　向左 ←

为了方便记录，我们可以用字母来代替这些箭头符号。例如，"向右，向右，向上，向下"的过程可以记录为"RRUD"。

❶ 首先，请写下从方格❻到方格❶的行走算法。

❷ 接着，请完成从方格❺到方格❻的行走算法。

❸ 最后，请完成从方格❷到方格❹的行走算法。

请翻到第32页核对你的答案。

关键词

算法：算法是指程序为解决问题而执行的具体步骤。

1. R U U
2.

奇妙的算法游戏

这个游戏仅需一个骰子和一个棋子就能完成，试一试吧。

① 抛出骰子，将棋子放在骰子对应的方格中。

② 再次抛出骰子（和上次点数一样则重新抛）。

③ 第二次的点数是目的地方格。

④ 请写下完成这条线路的步骤。

可以用硬币或是玩具小人作为棋子。

编码信息

下达命令

R5 表示向右移动 5 个方格。红点表示起点的位置。

我们用数字表示在各个方向上的移动距离，这样可以让指令显得更清楚。有这样特殊含义的指令，我们称之为命令。

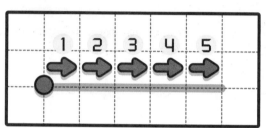

命令的示例

U4表示向上移动4步。
L3表示向左移动3步。
D7表示向下移动7步。
R4表示向右移动4步。

我们来试一试 R3 U3 L3 D3 是怎样一条线路。红点是起点的位置。

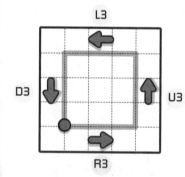

哎呀！不小心走得太远了。

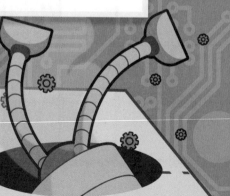

字母游戏

现在试着写出可以拼出以下字母的命令吧。

答案不唯一哦！

参考答案在第32页。

关键词

命令： 完成某项特殊任务的指令。

1. L3 D3 U2 L3
2

姓名拼写

请大家试着用上面的方法来拼写自己的姓名全拼或者姓名的拼音首字母，只需要准备方格纸和一支铅笔。

1 在方格纸上写下自己姓名的全拼或者姓名拼音首字母。若是遇到有斜线的字母（如

V、W或M等），把斜线转为水平和垂直的线条！

2 写下绘制这些字母的命令。

3 将命令交给小伙伴，看看他们能否根据命令重新画出代表你名字的字母。

天旋地转

接下来，我们将会学习如何让机器人旋转。我们将要用到3种命令：前进、左转和右转。

角度的理解

机器人旋转的程度以度来衡量。度的概念比较抽象，我们可以通过实际的例子来理解度这个单位。直角是90度，完全旋转一圈正好是360度。通常来说，度数越大，表示转向的程度越大。

度是用以表示角度的单位，从0度到360度，旋转一圈是360度。

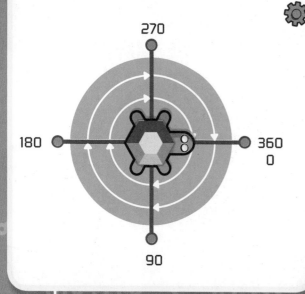

右边是简单控制乌龟左转和右转的方法。

右转 90 度　　　　左转 90 度

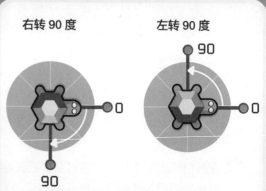

乌龟爬行

大家试着走完下面这段程序。

前进 25 格
右转 90 度
前进 20 格
右转 90 度
前进 25 格
左转 90 度
前进 10 格

如果过程中大家分不清左右，试着把书转个方向，让自己面朝乌龟前进的方向。

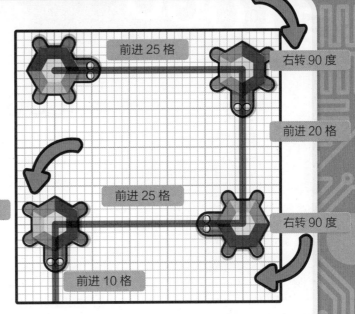

前进 25 格
右转 90 度
前进 20 格
前进 25 格
右转 90 度
左转 90 度
前进 10 格

写字母游戏

请大家写下 4 段指令，让乌龟走出 "L" "O" "G" "O" 4 个字母。参考答案在第 32 页。

① ② ③ ④

像素

我们用方格来计算机器人移动的距离。如果机器人（有时候是一只乌龟）显示在计算机屏幕上，距离往往会用像素来计算。像素是图像中的最小单位，是屏幕上的一个点。下面这个方块图形的长和宽都是 7 个像素。

1. 前进20格
   右转90度
   前进20格

学习 LOGO

这一章中，我们将会学习
LOGO编程语言，它是世界上最简
单的编程语言之一。LOGO可以帮
助我们将基本的命令转化为实际
效果。

LOGO的界面

在学习命令之前，我们先来介绍一下
LOGO的界面是什么样的。在下图的示例中，
我们已经在命令窗口输入了3条命令。我们既
可以每输入一条命令就按"回车"（Enter）键
查看效果，也可以输入一连串的命令，以空格
分隔，然后按"回车"（Enter）键查看结果。

每个版本的LOGO都有一
点点不一样的地方。有一些有
"Run"（运行）按钮，有一些没有。
如果你的版本没有，那就在输入完
一个命令之后，按"回车"键来运
行你的代码。

如果只有一个很窄的控制窗口，你需
要一行一行地输入代码，然后敲回车键，或
者单击"Run"（运行）去一行一行地运行。
同时，你也可以在一行内输入多个命令，并
用空格键区分，然后按回车键或者是"Run"
（运行）去测试它们。

这是绘画窗口。

这是命令窗口，
在这里输入代码。

单击"Run"（运行）
按钮查看结果，也可以
按回车键。

fd 50
rt 90
fd 50

Run

你在本书第 2 页可以查
找到有关下载和安装
LOGO的资料。

fd = forward（前进）
rt = right（右转）
lt = left（左转）

基本命令

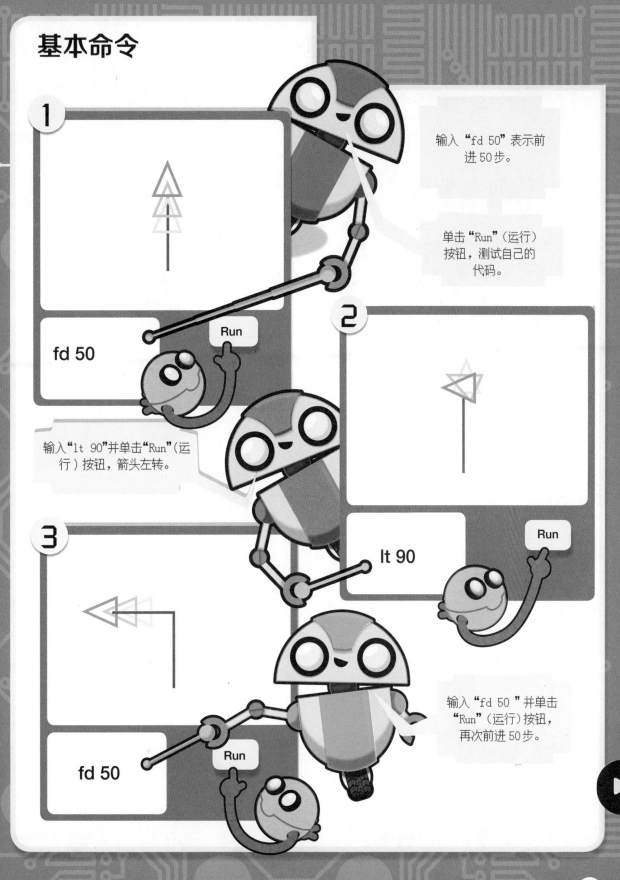

1

fd 50

输入"fd 50"表示前进 50 步。

单击"Run"（运行）按钮，测试自己的代码。

Run

2

lt 90

输入"lt 90"并单击"Run"（运行）按钮，箭头左转。

Run

3

fd 50

输入"fd 50"并单击"Run"（运行）按钮，再次前进 50 步。

Run

LOGO绘形

基础巩固

输入下面的各段程序，练习LOGO编程语言。

现在大家应该已经掌握了LOGO的用法，接着就用LOGO绘制几种不同的形状吧。尽情发挥想象 —— 现在进入创意编程环节！

```
fd 60
rt 90
fd 60
rt 90
fd 60
rt 90
fd 60
```

当需要清除屏幕时，输入"cs"并单击"Run"（运行）即可。

```
fd 50
lt 90
fd 100
lt 90
fd 50
lt 90
fd 100
```

```
fd 100
rt 90
fd 50
lt 90
lt 90
fd 100
```

```
fd 25
rt 90
fd 25
lt 90
fd 25
rt 90
fd 25
```

lt 90表示左转90度。

输入"seth 0"，让乌龟恢复朝上。

接下来，请大家用LOGO 绘制更多的图形，看看你能画出什么！

18

试一试

这些代码将画出什么图形?

1
```
lt  90
fd  50
rt  90
fd  100
rt  90
fd  50
```

2
```
fd  100
rt  90
fd  100
rt  90
fd  100
rt  90
fd  100
```

3
```
fd  50
rt  90
fd  50
lt  90
fd  50
rt  90
fd  50
rt  90
fd  100
rt  90
fd  100
```

超级电脑 7000

画出来!

试着使用LOGO画出下面的图形。

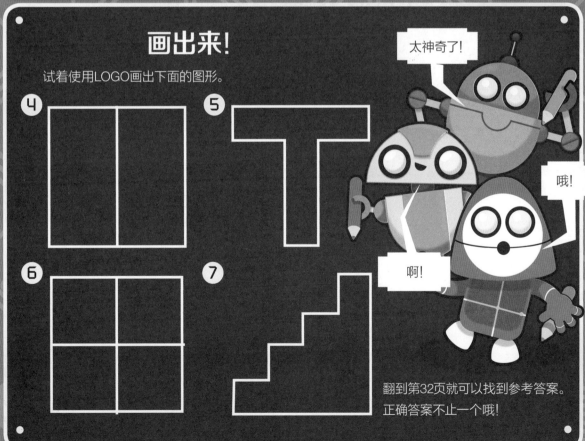

太神奇了!

哦!

啊!

翻到第32页就可以找到参考答案。
正确答案不止一个哦!

19

初学 Scratch

Scratch编程语言的使用方法与LOGO非常相似，我们可以控制角色在屏幕上移动。

移动 20 步

Scratch的界面

首先，我们还是一起来熟悉一下Scratch的基本用法。Scratch支持拖曳和组合各种命令（积木），这一点与LOGO不同，它不需要我们自己输入命令。

关于 Scratch 和类似功能程序的资料，请回到第 3 页寻找。

单击"创建"或"开始创作"按钮，屏幕上会显示类似于下面的界面。

试一试

单击这里可以选择积木分组。

这个区域是舞台区。角色就在这个区域里活动。

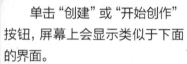

嗨，我是遵从你命令的角色！

这是代码区域，我们拖曳的积木都放在这个区域内。如果需要删除一条积木，我们只要把这条积木拖出这个区域就好。

这是当前分组中的积木类型。

如何开发一款简单的程序

1 用鼠标单击上部菜单栏的"运动"分组。选中并拖曳"移动10步"积木到代码区域。

2 单击积木！我们看到在舞台区的角色向前移动了10步。

3 单击白色区域中的数值10，把它修改为20。单击并观察舞台区角色的变化。

4 选择"右转15度"积木，也把它添加到代码区域。同样，单击并观察效果。

大家可以尝试着修改移动的距离和旋转的角度。

5 请大家自己尝试着把多个积木拖放到代码区域，组成一个完整的程序。

单击任何一个积木都能运行整段程序。

画笔工具

这一章中，我们将会学习用Scratch画图。我们需要用到"落笔"积木，它可以实现角色的移动。

画正方形

这个练习题教我们画一个正方形。

1 单击菜单栏的"画笔"分组。

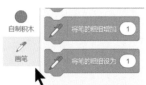

2 将"落笔"积木拖放到代码区域。

3 单击菜单栏的"运动"分组。

4 往程序中再添加一个"移动10步"积木。

5 将白色框中的数值10修改为60。

6 按照示例完成整个程序。

单击任何一个积木都能运行整段程序。

绘制图形

现在请大家把自己的代码修改为下图的样子。

大家先猜一猜，左边这段程序会画出什么样的形状。单击第一个积木，看看结果是不是与我们想象的一致呢？

千万不要惊慌！

落笔

移动 10 步

移动 10 步

右转 ↻ 10 度

落笔

右转 ↻ 10 度

保存作品

单击屏幕左上角，打开"文件"菜单。然后单击：

新作品 —— 新建项目。

保存到电脑 —— 将文件保存到自己的计算机中。

从电脑中上传 —— 打开一个之前保存过的文件。

更多形状！

请大家使用Scratch画出下面4种形状。

① ② ③ ④

在第32～33页可以找到答案。

按键功能

目前为止，我们写过的所有代码都需要我们告诉计算机什么时候开始运行。在这一章中，我们将要学习如何根据按下不同的键盘按键来修改代码。在程序运行过程中按下键盘按键就属于一种输入类型。

向左向右

当按下"R"键时，我们希望角色向右移动。当按下"L"键时，我们希望角色向左移动。

按"R"键右移

1

← → C ⌂ 🔒 https://scratch.mit.edu

SCRATCH　创建　提示　关于

打开Scratch。单击"创建"。

2

单击菜单栏的"事件"分组。

3

将"当按下空格键"积木拖曳到代码区域。

4

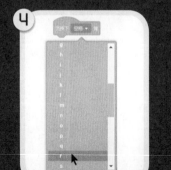

从下拉列表中选择"r"键。

5

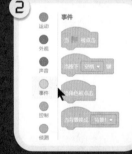

单击菜单栏的"运动"分组。

6

将"移动10步"积木拖到代码区域。

现在，尝试按下键盘上的 Ⓡ 键。

按 "L" 键左移

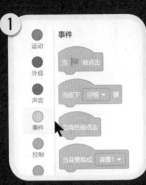

① 单击菜单栏的 "事件" 分组。

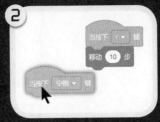

② 将 "当按下空格键" 积木拖曳到脚本区域。

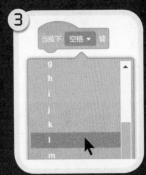

③ 从下拉列表中选择 "l" 键。

④ 单击菜单栏的 "运动" 分组。

⑤ 将 "移动10步" 积木拖放到代码区域。

⑥ 将白色框中的10修改为-10。

现在，我们按下 Ⓛ 键，角色就能向左走，按下 Ⓡ 键，角色就能向右走。

代码是怎么运行的？

刚才我们完成了两段代码。我们在键盘上按下 "R" 时，就相当于告诉Scratch让角色向右移动10步。

我们在键盘上按下 "L"，就相当于告诉Scratch让角色向左移动10步。

不同的按键对应着不同的代码片段。我们采用了两种不同的输入方式告诉程序执行两段不同的代码。

同学们，你们能让角色移动得更快些吗？

请大家修改自己的程序，用键盘的上下左右箭头来控制角色的移动。

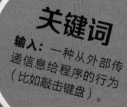

关键词

输入： 一种从外部传递信息给程序的行为（比如敲击键盘）。

输入与方向

在上一小节中,我们已经学会了控制角色左右移动。在这一小节,我们将要学习如何通过不同的按键让它上下移动,甚至是朝任意的方向移动。

用角度控制方向

我们将在这个程序中使用4个按键。敲击每个按键都能使角色朝着不同的方向移动。

按"U"键上移

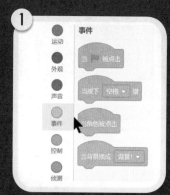

①

单击菜单栏的"事件"分组。

②

将"当按下空格键"积木拖曳到代码区域。

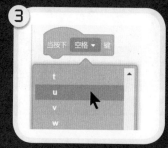

③

从下拉列表中选择"u"键。

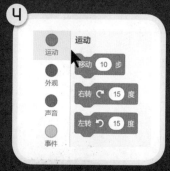

④

单击菜单栏的"运动"分组。

⑤

将"面向90方向"积木拖放到代码区域。

⑥

将白色框中的值修改为"0"。

现在,请大家按下键盘上的 U 键,发生了什么呢?

这段代码的含义是:当键盘的"U"键被按下时,角色朝向0度的方向,也就是面朝上方。

按"D"键下移

我们希望给小精灵设计一个程序，当按下 Ⓓ 键时，小精灵面朝下方。

①
将"移动10步"积木拖放进来。再按下 Ⓤ 键观察变化！

②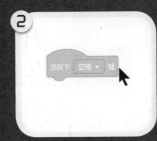
再拖放一个"当按下空格键"积木，放置在最上方。

③
单击下三角箭头，从下拉列表中选择"d"。

④
将"面向90方向"积木拖放进来。

⑤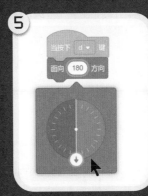
将白色框中的值修改为"180"。

⑥
再拖放一个"移动10步"积木进来。

请大家分别按下键盘上的 Ⓓ 键和 Ⓤ 键，观察发生了什么？

请大家为角色添加分别控制左右移动的按键。再添加两个"当按下……键"积木，分别设置为按下"l"键和"r"键。

朝向左侧并移动：

朝向右侧并移动：

哇哦！

草图与输入

在前几个章节中，我们学习了如何使用键盘按键来控制角色的移动，在本章中我们将要学习制作一个简单的绘画程序。玩家通过按下不同的按键，可以画出他们想要的图形。

开发自己的绘画程序

1

打开Scratch界面，然后添加一段控制角色上下左右移动的代码。大家可以回到第24页，复习一遍已经学过的知识。

完工后请测试你的程序效果！

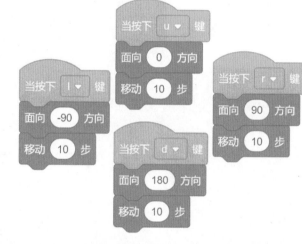

挑战

尝试改变你曾经用来移动小精灵的按键。也可以使用方向键哦！

2

当角色移动时，我们需要画出它的移动轨迹。单击"画笔"分组，将"落笔"积木拖放至代码区域。单击"落笔"积木，然后请大家分别按下"U""D""R"和"L"4个按键。

3

大家可以使用"全部擦除"积木来清除屏幕上的内容。将"全部擦除"积木拖放到代码区域，然后单击查看效果。

画笔

4

将"全部擦除"和"落笔"积木结合。

单击"事件"分组，拖入一个"当▶被点击"积木，放置于"全部擦除"和"落笔"积木之上。

当绿旗按钮被单击时，屏幕就会被清空，此时角色已经准备好重新绘制图片。

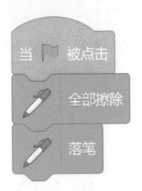

5

改变圆框中的数字，可以改变角色的尺寸。

大小　100

至此，我们的程序已经大功告成！单击绿旗按钮，我们来玩一局画图游戏吧。

计算机使用数字来表示颜色。Scratch 使用 0 ~ 199 来表示颜色。而有的计算机编程语言中可以表示出 1600 多万种颜色呢！

你喜欢我的新衣服吗？我希望它有 15999999 种颜色！

挑战

小朋友们，你们会给自己的程序添加一些新功能吗？比如让玩家选择画笔的颜色。你需要用到"事件"分组中的"当按下……键"积木。

你们需要为每一种颜色都添加一个"当按下g键"积木和"将笔的颜色设为50"积木。大家可以不断地修改颜色的数值，看看会有什么变化。

调试

编写代码就是一个不断尝试和出错的过程——不断测试我们的想法并验证效果。我们在编写代码的过程中很容易出错。bug（漏洞）是代码中存在问题的俗称。我们通常将修复这些问题的过程称为找bug，即调试程序。下列问题的答案都在第32页。

1 早餐中的bug

首先，我们来查找制作面包流程中存在的问题。

1. 取出一片面包。
2. 将其放入面包机。
3. 在面包上涂抹黄油。
4. 将面包片从面包机中取出。

2 错误的b

下面这行指令的作用是画一个图形，与字母b形状相似。但是这行命令是不是有问题？

从原点出发：
D4 R3 D2 L3

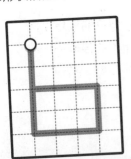

3 LOGO中的bug

这个长方形的高和宽分别是100像素和300像素。

执行这段代码能画出上图所示的长方形，但是代码中存在一两个小问题。

```
fd 100
rt 90
fd 300
righrtt 90
fd 100
rt 90
fd 90
```

④ Scratch中的bug

下面这段代码是用Scratch画一个正方形。正方形的边长是200像素。

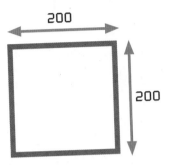

请找出代码中的问题：

⑤ 残缺的游戏

这段代码的作用是让小精灵完成两个任务。

当按下键盘上的 U 键时向上移动。

当按下键盘上的 D 键时向下移动。

请找出代码中存在的问题。

我们给大家整理了几条调试程序的小贴士。

调试小贴士

当你的程序输出与你设想的不一致时：

1. 逐行检测自己的代码，仔细思考每一行代码的作用是什么。

2. 把代码的流程图画出来有助于我们查找问题。

3. 休息片刻，放松大脑。

在编写代码时几条指导意见：

1. 首先要仔细规划自己的代码，用流程图或者笔记的形式都可以。

2. 在学习编程的阶段，多写简单而短小的代码，而不是大段的复杂代码。

3. 在编写代码的过程中不断测试——不要等到所有代码完成后再做测试。

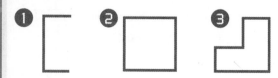

参考答案

第 10 页

最终的目的地是方格6。

1 R U U U U U

2 U U R U U U U R R R D D L

3 L L L D D D D R R D D D R

第 13 页

1 U3 R3 D1

2 R3 D3 L3 U3 或 D3 R3 U3 L3

3 D4 R3 U2 L3 或 D2 R3 D2 L3 U2

4 U3 R3 D3 L3 或 R3 U3 L3 D3

5 D1 L1 R3 L2 D3 R2 或 D1 R2 L3 R1 D3 R2

6 D4 R3

7 R3 U2 L3 D3 R3 或 U2 R3 D2 L3 D1 R3

8 L2 D2 L1 R2 L1 D2 L1 或 L2 D2 R1 L2 R1 D2 L1

9 D1 L1 R3 L2 D3 R2 或 D1 R2 L3 R1 D3 R2

第 15 页

1 前进 11 步
右转 90 度
前进 11 步

2 前进 11 步
右转 90 度
前进 11 步
右转 90 度
前进 11 步
右转 90 度
前进 11 步

3 前进 11 步
左转 90 度
前进 11 步
左转 90 度
前进 11 步
左转 90 度
前进 4 步
左转 90 度
前进 3 步

4 前进 11 步
左转 90 度
前进 11 步
左转 90 度
前进 11 步
左转 90 度
前进 11 步

第 19 页

1 **2** **3**

4 fd 100
rt 90
fd 100
rt 90
fd 100
rt 90
fd 100
rt 180
fd 50
lt 90
fd 100

5 fd 80
lt 90
fd 40
rt 90
fd 20
rt 90
fd 100
rt 90
fd 20
rt 90
fd 40
lt 90
fd 80
rt 90
fd 20

6 fd 100
rt 90
fd 100
rt 90
fd 100
rt 90
fd 100
rt 90
fd 50
rt 90
fd 100
rt 90
fd 50
rt 90
fd 50
rt 90
fd 100

7 fd 30
rt 90
fd 30
lt 90
fd 30
rt 90
fd 30
lt 90
fd 30
rt 90
fd 30
lt 90
fd 30
rt 90
fd 30
rt 90
fd 120
rt 90
fd 120

第 23 页

实现的方式有成百上千种，这里只给出了其中一种示例。

1

2

朋友们再见。
祝大家编程快乐!

❸ 落笔
移动 60 步
左转 90 度
移动 30 步
右转 90 度
移动 30 步
左转 90 度
移动 30 步
左转 90 度
移动 30 步
左转 90 度
移动 30 步
右转 90 度
移动 30 步
左转 90 度
移动 30 步

❹ 落笔
移动 30 步
右转 90 度
移动 90 步
右转 90 度
移动 30 步
右转 90 度
移动 90 步
右转 180 度
移动 30 步
左转 90 度
移动 30 步
右转 90 度
移动 30 步

第 30 页~第 31 页

❶ 取出一片面包,将其
放入面包机。将面包
片从面包机中取出。
在面包上涂抹黄油。

❷ D4 R3 U2 L3

❸ fd 100
rt 90
fd 300
rt 90
fd 100
rt 90
fd 300

❹ 落笔
移动 200 步
右转 90 度
移动 200 步
左转 90 度
移动 200 步
右转 90 度
移动 200 步

❺ 当按下 d 键
面向 180 方向
移动 10 步

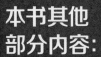

本书其他
部分内容:

第2部分

在基础的编程内容上,增加
循环和重复。用Scratch编写
一个迷宫,同时学习如何在
游戏里增加声音效果!

第3部分

通过学习"if"条件分支语
言,我们可以学到更多解决
问题的方法。编写一个简单
的Python测试程序,或者让
机器人制作一个三明治!

第4部分

通过使用HTML语言来编写
网页,让你的编程技巧更加
娴熟。同时,也会学习如何
使用JavaScript编程。开发一
个关于宠物的网站!

给家长和老师的
指导手册

为家长和老师准备的指导手
册,里面包含了背景信息和
对于全书主题的详细说明。

词汇表

算法: 解决问题的步骤或者方法。

代码: 告诉计算机去做某件事的一串字符或者积木。

命令: 告诉计算机去做某件事的一个单词或者积木。

数据: 计算机可以存储和使用的信息。

调试: 解决计算机程序中问题的过程。

度: 角度的衡量单位。

下载: 把信息从一台计算机复制到另一台计算机上，通常在网络环境下进行。

事件: 程序运行时发生的一件事，如按下键盘按键。

输入: 一种从外部传递信息给程序的行为。

编程语言: 用于编写程序的单词、数字、符号和规则系统。

LOGO: 一种可以控制屏幕上的乌龟绘图的计算机语言。

输出: 计算机用来表示程序执行后结果的一个方式，例如移动角色或者发出声音。

像素: 在计算机里表示图像的最小单位。

处理器: 计算机的"大脑"。它执行计算机程序发出的指令。

程序: 告诉计算机如何执行某些操作的一些特殊的命令。

Scratch: 一种使用积木编程的图形化编程工具。

代码区域: 在Scratch3.0中，这个区域在屏幕的中间——你需要把积木拖到这里。

角色: 在屏幕上移动的对象（如小猫）。

舞台: 在Scratch3.0中，这个区域位于屏幕的右侧，在那里，你可以看到你的角色的移动情况。

用户: 使用这个程序的人。

编程
超有趣

玩转 Scratch3.0
编程指导

1 2 3 4

QED

下面的信息能够帮你找到 LOGO 语言和 Scratch 语言并且开启你的编程之旅。所有这些资源都是免费的。

LOGO

LOGO 语言是由西蒙·派珀特在 40 多年前设计的。它有多个版本可供选择。

如果你的计算机使用 Windows 操作系统，可以从 MSWLogo 官网下载免费版 LOGO。你也可以通过打开浏览器访问 Turtle Academy 官网进入"Playground"版块或搜索"LOGO Interpreter"进入 LOGO Interpreter 网页，直接在线使用 LOGO 语言。

Scratch

你可以在电脑上通过打开 Web 浏览器直接使用 Scratch。访问 **Scratch** 官网即可使用。然后单击"**创建**"或"**开始创作**"这两个按钮。

有一个非常类似的网站叫作"Snap"，也适用于 iPad。

如果你想在不联网的情况下运行 Scratch，可以从 Scratch 官网下载安装包。

下载我们的机器人在 Scratch 中作为角色使用！访问 http://www.qed-publishing.co.uk/extra-resources.php 或扫描右侧的二维码。

网络安全

儿童在使用互联网时应受到监督，特别是当第一次访问不熟悉的网站时。

目录　第2部分

Enter ⏎

简介

本书第 2 部分将向你展示如何通过学习使用循环、声音和变量来提高编程水平。我们将使用两种简单且免费的编程语言（LOGO 和 Scratch）进行学习。首先让我们简要地介绍一下如何开始编程。

什么是编程？

编程意味着编写一组指令，告诉计算机要做什么。编程也称为计算机编程。要对计算机进行编程，我们需要以正确的顺序使用正确的指令。让我们看看这些指令（或叫命令）将要绘制的内容：**U3 R2 D2 R2**。

从这里开始

U3意味着向上移3格
R2意味着向右移2格

fd 60 表示让海龟向前移动 60 步。

```
fd  30
rt  90
fd  60
rt  90
fd  30
rt  90
fd  60
```

使用 LOGO 语言，我们可以练习简单的编程——比如命令计算机绘制长方形。fd 90 的意思是"前进 90 步"。rt 90 的意思是"向右转 90 度"——画出一个直角。

Scratch 语言使用类似于 LOGO 语言的方法，让角色在"舞台"区域来回移动。使用 Scratch 时，你可以直接拖动和连接指令，而不用打字输入指令。

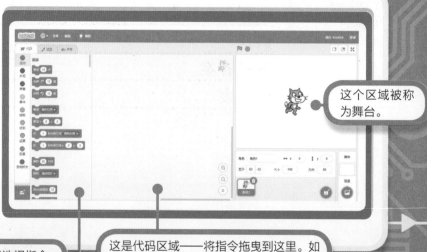

这个区域被称为舞台。

从这里选择指令。

这是代码区域——将指令拖曳到这里。如果需要删除指令，将其拖离代码区域即可。

什么是循环、输出和变量?

在接下来的几页中,我们将学习如何使用循环来使程序一遍又一遍地重复执行。

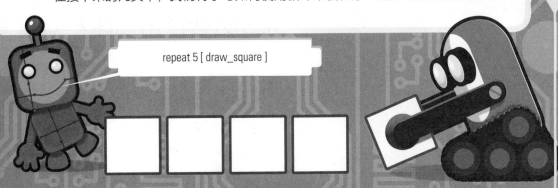

repeat 5 [draw_square]

让角色移动和绘图只是输出的一种形式。输出是由计算机生成的、作为我们提出命令而得到的结果的信息。在本书中,我们将了解如何编程并得到另一种输出——声音。

最后,我们将探索变量。变量是计算机程序存储变量(信息)的一种方式。

Age = 8

关键词

代码:一组特殊的字符或积木,告诉计算机该做什么。

循环

计算机非常擅长一遍又一遍地重复做某件事情。循环是一种让你的程序重复执行某事的方法——比如数到20，或是绘制一个有很多边的几何形状，再或者制作环绕行星的宇宙飞船轨道。

为什么要使用循环？

想象一下，你想写一个程序来画一个正方形。你可以这样做。

1 画出第一条边。
2 转90度。
3 画出第二条边。
4 转90度。
5 画出第三条边。
6 转90度。
7 画出第四条边。
8 转90度。

它需要8条单独的指令。循环能够简化操作。使用循环，我们只需要3条指令。

1 重复4次下面的指令：
2 画一条边。
3 转90度。

一定有更好的方法来实现这个任务！

LOGO 语言中的循环

我们将用 LOGO 语言来尝试编写重复循环。首先，如果你是 LOGO 语言的新手，那就让我们先来了解一下如何使用它。

这是绘图框，你的程序输出将显示在这里。

单击"Run"或按回车键来测试你的代码。

这是你的命令框，在此编写你的程序。

fd 50 rt 90 fd 50

Run

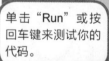

编写简单的循环

尝试在 LOGO 命令框中输入此代码，然后单击"Return"（回车键）或"Run"（运行）。

repeat 4 [fd 50 rt 90]   （ Run ）

这个数字规定了这些指令要被重复执行几次。

方括号中的指令将被重复执行。

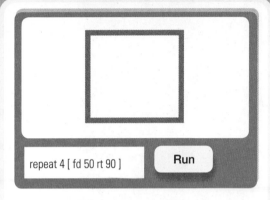

repeat 4 [fd 50 rt 90]   Run

你用循环绘制了一个正方形！

在每个题目完成后输入cs或重新加载网页，以清除屏幕上的痕迹。

现在尝试更改方括号内的指令并配合修改重复指令的次数。下面是一些帮助你入门的示例。这些循环会绘制出什么形状呢？

1
repeat 8 [fd 50 rt 45]   Run

2
repeat 6 [fd 50 rt 60]   Run

3
repeat 3 [fd 50 rt 120]   Run

4
repeat 3 [fd 100 rt 120   Run

5
repeat 5 [fd 100 rt 72]   Run

6
repeat 36 [fd 10 rt 10]   Run

7
repeat 4 [fd 100 lt 90]   Run

8
repeat 20 [fd 10]   Run

参考答案在第 64 页。

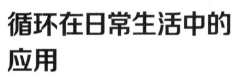

循环在日常生活中的应用

我们在日常生活中经常会使用循环，有时候甚至我们都没有意识到。当你的老师发书的时候，他会说，"把这些书都发下去"，而不是"先发这本书，再发这本书，然后再发这本书"。你的父母会说"吃光你的豆子！"而不是"先吃这颗豆子，再吃那颗，然后再吃那颗……"我们用"每个""每一个""全""都"这样的词来表达我们的日常指令——这就像在循环中说"repeat 20"一样。

生日快乐！将蜡烛全吹灭！

通过循环绘制图案

在 LOGO 语言中，我们可以组合重复循环指令来绘制图案。我们将学习如何使用几行指令来使 LOGO 语言执行数百条指令。在 LOGO 语言中，计量的单位是像素。

练习绘制图案

输入以下指令来绘制一个小正方形。

```
repeat 4 [ fd 20 rt 90 ]          Run
```

现在使用包围在第一条重复指令外的另一条重复指令在一行代码中绘制 8 个这样的正方形。

```
repeat 8 [ repeat 4 [ fd 20 rt 90 ] fd 25 ]          Run
```

这是可行的，因为代码用 LOGO 语言告诉计算机的内容如下。

重复执行8次下面的指令：
画一个正方形，然后前进一点点。

你会看到这样的图案。

这次我们将使用重复指令绘制 36 个正方形，但在绘制完每个正方形后要转一个小角度（10 度）。

```
repeat 36 [ repeat 4 [ fd 50 rt 90 ] rt 10 ]          Run
```

你应该看到这样的图案：

现在尝试稍微修改代码，看看图案会有什么变化。尝试不同大小的正方形和不同的重复次数。

你还可以使用"setpc"（设置画笔颜色）并搭配数字来更改图案的颜色：例如，setpc 5。

图案是如何被绘制出来的？

当如右图所示的循环运行在另一个循环当中，这种循环被称为嵌套循环。

repeat 4 [fd 50 rt 90]

内部循环绘制一个正方形。

repeat 36 [rt 10]

外部循环重复 36 次，并向右转 10 度。

1

现在尝试将 3 种图案层层组合在一起。我们先从一个边长为 120 像素的大正方形开始。

`repeat 36 [ repeat 4 [ fd 120 rt 90 ] rt 10 ]` **Run**

2

现在将颜色更改为红色。

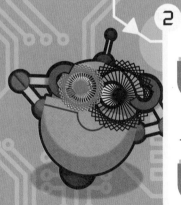

`setpc 4` **Run**

接下来我们将在第一个图案之上绘制另一个图案，这次正方形边长短一点，为 80 像素。

`repeat 36 [ repeat 4 [ fd 80 rt 90 ] rt 10 ]` **Run**

3

现在将颜色更改为蓝色。

`setpc 1` **Run**

使用边长为 60 像素的小正方形作为结束。

`repeat 36 [ repeat 4 [ fd 60 rt 90 ] rt 10 ]` **Run**

关键词

像素： 在计算机里表示图像的最小单位。

Scratch中的循环

现在我们来看看在 Scratch 中是如何使用循环的。循环在 Scratch 和 LOGO 中使用的原理相同，但是在 Scratch 中我们不需要输入指令，而要拖放积木。我们这就来试一下。

画一个正方形

如果你想在 LOGO 中绘制一个正方形，你可以输入：

```
repeat 4 [ fd 10 rt 90 ]          Run
```

在 Scratch 中，我们可以通过拖曳"**重复执行……次**""**移动……步**""**右转……度**"和"**左转……度**"积木来创建相同功能的代码。

1　打开 Scratch，单击"**创建**"或"**开始创作**"，有困难时可以回到第 36 页寻求帮助。然后单击 Scratch 屏幕左侧的"**代码**"选项卡，选择"**控制**"积木分组。

2　将一个"**重复执行……次**"积木拖曳到右侧的代码区域。

3　将一个"**重复执行……次**"积木中的参数更改为 4。

4　单击"**运动**"积木分组。

5　拖曳一个"**移动……步**"积木和一个"**右转……度**"积木，并将参数更改为 90。

6　从"**画笔**"积木分组中拖曳一个"**落笔**"积木。

单击"**落笔**"积木来运行一下这个循环。将小猫角色拖开，你会看到程序在屏幕上绘制了一个正方形。

保存你的作品

单击页面顶部左侧的**"文件"**菜单。

新作品——建立一个新的项目。

保存到电脑——将文件保存到你的电脑上。

从电脑中上传——打开你之前保存在电脑中的文件。

Scratch循环练习

在代码区域创建这5组循环积木。你还需要拖曳一个**"落笔"**积木和一个**"全部擦除"**积木。尝试单击**"落笔"**积木，然后依次单击每个**"重复执行"**积木。单击**"全部擦除"**积木以清除画完的图形。测试一下看看每个循环会绘制出什么样的内容，参考答案在第64页。

1
重复执行 4 次
　移动 10 步
　右转 ↻ 90 度

2
重复执行 4 次
　移动 100 步
　右转 ↻ 90 度

3
重复执行 6 次
　移动 80 步
　右转 ↻ 60 度

4
重复执行 36 次
　移动 2 步
　右转 ↻ 10 度

5
重复执行 36 次
　移动 12 步
　右转 ↻ 10 度

✏ 落笔

✏ 全部擦除

绘制完上面的每个图形后，尝试将Scratch中的角色拖曳到屏幕上的空白区域。现在你可以开始创作新图案了。

你可以尝试画出这个机器人！

你喜欢我的新造型吗？

无限循环

有时我们需要让循环一直进行下去。想让一些东西一直持续发生在游戏中尤其常见，例如让一个角色不停地走来走去。我们来编写一个游戏，其内容是一条鱼在屏幕上跟随着鼠标指针游来游去。

如何编写游戏——游泳的鱼

1 首先打开 Scratch。通过鼠标右键单击默认角色，然后选择"**删除**"来删除该角色。

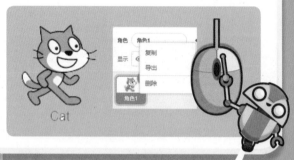

鼠标右键单击，是指在你的鼠标上按下右键。如果你使用的是苹果电脑，请按着"**Control**"键并单击。

2 现在制作自己的角色——鱼。首先单击"**绘制**"。

○ 选择"**圆**"工具。

🪣 选择填充。

🎨 选择橙色。

画一个椭圆。

多画几个椭圆并使用"**橡皮擦**"工具将尾巴的后面擦掉一点。

3 现在单击红色停止按钮旁边的"**代码**"选项卡。你需要将一些积木拖曳到代码区域，以便在程序启动后让鱼向前游动。

从"**事件**"积木分组中拖出"**当▶被点击**"积木。

从"**控制**"积木分组拖出"**重复执行**"循环积木，从"**运动**"积木分组拖出"**移动……步**"积木。

将"**移动……步**"积木的参数改为2，以减慢鱼的速度。

单击"**▶**"（靠近屏幕顶部）来测试一下代码。

4

要使鱼改变方向，将"**面向……**"积木从"**运动**"积木分组拖曳到循环当中。将其设置为"**鼠标指针**"。单击"▶"测试一下你的代码！

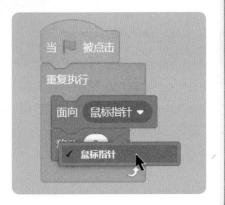

每次循环重复执行时，它都会使鱼指向鼠标指针的位置。它也会在每一次循环中移动。如果没有循环，游戏将无法正常工作！

5

现在给你的游戏绘制背景图片。

首先单击"**舞台**"，然后单击"**背景**"选项卡。

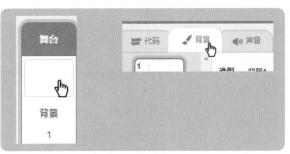

 单击"**填充**"工具并选择蓝色。现在单击背景为其上色。

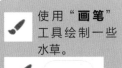 使用"**画笔**"工具绘制一些水草。

更改"**线条粗细**"的参数以更改水草的宽度。

你的程序现在已经完成！单击屏幕上方的"▶"图标开始游戏吧。

重复执行直到……

如何编写迷宫游戏

有时候我们需要在某些事情发生的时候停止循环。例如，游戏中的角色碰到墙壁时停止移动。为了对这样的事情进行编程，我们使用"**重复执行直到……**"积木。我们将编写一个简单的迷宫游戏来学习如何掌握这种技术。

1 打开 Scratch。将代码拖曳到代码区域，使 Scratch 中的角色在屏幕上能够缓慢移动，并面向鼠标指针的位置。

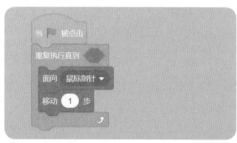

如需帮助，请参阅第 46~47 页的步骤 3 和步骤 4。要注意使用的是"**重复执行直到……**"积木而不是"**重复执行**"积木。改变角色的速度参数，每一次循环移动 1 步。

2 更改"**大小**"参数以改变 Scratch 角色的大小。

大小 （ 100 ）

3 要使角色每次开始的时候，都出现在同一个地方，请将"**将 x 坐标设为……**"积木和"**将 y 坐标设为……**"积木从"**运动**"积木分组拖曳到代码区域。尝试更改"**将 x 坐标设为……**"积木和"**将 y 坐标设为……**"积木的数值。

噢！

单击 ⚑ 来测试你的代码。

如何编写迷宫游戏

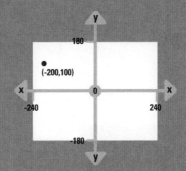

"**将 x 坐标设为……**"积木意味着告诉 Scratch 将角色放置在屏幕左侧或右侧的哪个位置。

"**将 y 坐标设为……**"积木意味着告诉 Scratch 将角色放置在屏幕上方或下方的哪个位置。

4 为游戏画一个简单的背景。请参阅第 47 页上的步骤5以获取帮助。

使用"**矩形**"工具绘制几面墙壁。一定要使用相同的颜色。

墙壁

5 "**重复执行直到……**"积木代表程序将永远循环下去，因为我们还没有告诉它什么时候停止。它需要重复执行直到角色碰到棕色——墙壁的颜色。

单击 Scratch 中的角色图标，然后单击"代码"选项卡以返回到刚才的程序代码。

事件
控制

单击"**侦测**"积木分组。

将"**碰到颜色……?**"积木拖曳到"**重复执行直到……**"积木的六边形框中。

单击有颜色的圆框，然后再选择要侦测的颜色。

单击其中的一面墙壁。

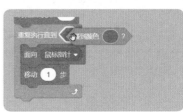

接下来你的游戏会一直运行，直到角色撞到一面墙壁。单击屏幕顶部的"▶"进行测试。

重复执行直到被抓住

我们将通过创建另一个游戏来练习使用"**重复执行直到……**"积木。这个游戏将有两个角色对象，小猫和小狗。小狗将去追逐小猫。玩家将控制小猫在屏幕上移动，直到被小狗抓住。

1 如何编写一个追逐游戏

将积木拖曳到代码区域，使 Scratch 中的角色在屏幕上缓慢移动，并面向鼠标指针的位置。

请查看第 46~47 页的步骤 3 和步骤 4 以获取帮助。记得使用"**重复执行直到……**"积木。更改角色的速度，每一次循环移动 2 步。

2

更改"大小"参数以改变 Scratch 角色的大小。

单击屏幕顶部的"▶"来测试你的代码。

3

现在添加第二个角色。

单击此图标可从角色库中选择新的角色。

角色 1   Dog2

向下拉，直到看到这只小狗并单击它。

选我!

选我!

选我!

4

现在我们将让小狗这个角色移动。

移动	
角色 1	Dog2

单击"**Dog2**",这样你接下来编写的代码将控制小狗而不是小猫!

从"**控制**"积木分组中拖出"**重复执行**"循环积木。添加一个"**移动……步**"积木。在循环中将其参数设置为1。

从"**事件**"积木分组中,拖曳一个"**当▶被点击**"积木,把它放在代码的顶部。

在第4步之后,测试你的代码。小猫应该跟随鼠标指针移动。小狗应该一直沿直线移动——这意味着它可能卡在屏幕的右侧。这时候要把它拖回左侧!

5

要让小狗追逐小猫,请单击角色"**Dog2**"。

移动	
角色 1	Dog2

从"**运动**"积木分组中,拖曳一个"**面向……**"积木。将其设置为"**角色1**"(即小猫角色)。

6

现在,我们要制作最重要的部分——"**重复执行直到……**"积木的"**直到……**"部分!我们的目的是让小猫一直移动直到小狗抓住它。

移动	
角色 1	Dog2

单击"**角色1**"。

从"**侦测**"积木分组顶部拖曳一个"**碰到……**"积木并将其参数设置为"**Dog2**"。

现在单击"▶"开始玩你的游戏吧!

添加音乐

到目前为止，我们的代码使用了两种不同的输入方式：键盘输入和鼠标输入。而我们的输出全部显示在屏幕上。我们现在将学习如何控制另一种输出——声音。

在 Scratch 中使用音乐

单击"**音乐**"积木分组。

音乐
演奏乐器，敲锣打鼓。

将一个"**演奏音符……拍**"积木拖曳到代码区域并尝试单击它。

关键词

输出：计算机用来表示程序执行后结果的一个方式，例如移动角色或发出声音。

改变节拍

尝试将**节拍**框中的值改为 2。单击积木查看效果。

现在把它改成一个更小的数值：0.25（四分之一拍），单击它再试试。

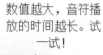

数值越大，音符播放的时间越长。试一试！

改变音符

通过更改**音符**框中的值来更改音符的高低。

输入一个数值，或者从键盘中选择一个音符。

数值越大，音调越高。数值越小，音调越低。

你可能无法听到频率低于 20Hz 或高于 100Hz 的音符，但你的狗能够听到！

创作一首曲子

　　将一些"**演奏音符……拍**"积木拖曳到代码区域并更改其音符的数值。

　　单击最上面的积木来演奏所有音符。尝试一下组合出你自己的节奏！

制作弹钢琴程序

1 单击"**事件**"积木分组。

2 将一个"**当按下……键**"积木拖曳到代码区域并将其设置为"q"键。

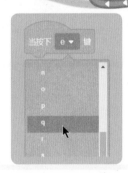

3 单击"**音乐**"积木分组。

4 将一个"**演奏音符……拍**"积木拖曳到"**当按下……键**"积木下方，以便在按下"q"键时演奏音符。

5 重复步骤 1 到步骤 4 以创建更多组积木。然后更改它们响应的按键以及它们将演奏的音符，完成后的效果如下图所示。

添加更多"**当按下……键**"积木来完成你的弹钢琴程序。你可以尝试使用"**将乐器设为……**"积木来改变音色。

53

声音特效

前几页介绍了如何使用代码来发出声音。我们现在将看一下如何在循环中使用声音，以及如何为游戏添加声音特效。

制作一个鼓机

我们可以将声音效果与循环相结合，制作一个简单的鼓机。

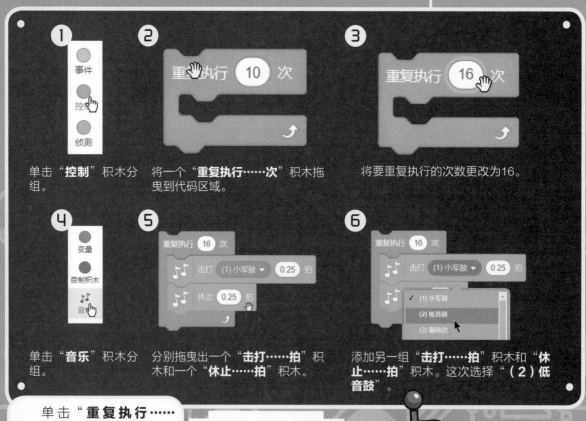

① 单击"**控制**"积木分组。

② 将一个"**重复执行……次**"积木拖曳到代码区域。

③ 将要重复执行的次数更改为16。

④ 单击"**音乐**"积木分组。

⑤ 分别拖曳出一个"**击打……拍**"积木和一个"**休止……拍**"积木。

⑥ 添加另一组"**击打……拍**"积木和"**休止……拍**"积木。这次选择"**（2）低音鼓**"。

单击"**重复执行……次**"积木来运行你的鼓机。尝试更改"**击打……拍**"积木中的选项以及节拍数。通过更改循环的重复执行次数来使鼓机演奏更长的时间。

添加这个积木，以便在按下"**f**"键时加快鼓机的演奏速度。

或者通过将数值改变为-20来减慢演奏速度。

当按下 f ▼ 键
将演奏速度增加 20

当按下 s ▼ 键
将演奏速度增加 -20

给你的游戏添加声音

游戏中如果有音效会让游戏更有意思。接下来我们将学习如何为我们在第 48~51 页中制作的游戏添加声音。

① 修改第 48 页的迷宫游戏。

我们要为玩家与墙壁的相撞添加一个声音效果。

我们需要知道将"**击打……拍**"积木放置在哪个位置。

它需要被放在"**重复执行直到……**"积木的末尾，并且在循环之外。

② 单击"**音乐**"积木分组。

③ 将一个"**击打……拍**"积木拖曳到循环的末尾并将它们连接起来。选择"**（10）木鱼**"，然后测试一下你的游戏！

① 修改第 50 页的追逐游戏。

先修改小猫和小狗的代码。看看游戏是否能够正常运行。

② 首先，单击你的小猫角色。从"**音乐**"积木分组中，将一个"**播放声音喵**"积木拖曳到小猫角色的"**重复执行直到……**"积木的末尾。

现在当小狗抓到小猫时，小猫会说"**喵**"！

你可以在这里为游戏插入一段开场音乐。可以参考右侧的示例，或者创作你自己的音乐！

变量

在变量中存储内容

大多数计算机编程语言以类似的方式将数值存储在变量中。

```
set age = 8
or
age = 8
```

它们告诉计算机需要将数值 8 存放在一个名为 "**age**" 的特殊盒子中。

变量是计算机程序存储数据或信息的一种方式。它们可用于存储诸如你的名字，游戏中的分数或一个形状的面积大小等内容。与常量不同，变量的值可以在某些情况下发生改变。

变量有点像一个特殊的盒子。

里面存放着重要的东西。

变量有什么用处？

当程序在变量中存储了一个值后，它可以被程序的另一部分使用。程序的一部分可能会向运行它的人显示变量的值，就像在游戏中显示分数一样。或者，如果变量的值达到某个数值，程序可能会执行某些操作——例如，在屏幕上显示"干得好！"

啊！得分达到100了！比赛停止！我要去吃点东西啦！

在 Scratch 中使用变量

关键词

变量：计算机程序存储信息的一种方式。

1

单击"**变量**"积木分组。

2

单击"**建立一个变量**"。

3

将新变量命名为"**a**"，然后单击"**确定**"。

4

将"**将 a 增加 1**"积木拖曳到代码区域。

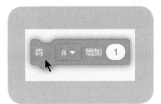

5

单击你拖曳出的积木。你会在舞台的左上角看到，变量的值改变了。

继续单击它，变量的值会继续增加！

挑战

尝试在"**重复执行直到……**"积木中放置一个"**将 a 增加 1**"积木，使变量数到 20 或 100，甚至是 500！

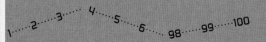

计分

如何编写游戏——致命的鲨鱼

我们将编写一个新的追逐游戏，这次玩家要尽可能地躲避鲨鱼。我们将使用变量来记录玩家躲避鲨鱼的时间长度，并将此变量的值作为分数。

1

打开 Scratch。删除默认的角色并自己创建角色小鱼。

将角色小鱼缩小一点。

如需帮助，请参阅第 46 页上的步骤 1 和步骤 2。

角色 1

2

我们将编写代码使小鱼游向鼠标指针的位置。

请参阅第 46~47 页内容以获取帮助，但请记住使用"**重复执行直到……**"积木而不是"**重复执行**"积木。

将移动的步数更改为 2 步。

单击"▶"来测试你的代码。

3

单击"**绘制**"来绘制一条鲨鱼，让鲨鱼去追小鱼。

选择一种颜色，然后选择"**椭圆**"工具。画一个扁圆。

用"**线段**"工具画出鱼鳍、鼻子和尾巴。

然后用颜色填充。

用"**椭圆**"工具加上一只眼睛。

如果操作有误，可以使用"**撤销**"按钮。

改变"**大小**"的参数，将鲨鱼角色缩小一点。

4

现在我们将建立一个变量来保存分数。

单击 "**变量**" 积木分组。单击 "**建立一个变量**"，将其命名为 "**s**"（score 的缩写，代表分数）。然后单击 "**确定**"。

5

单击角色小鱼（角色 1），以便我们为它添加更多积木。

6

当小鱼游来游去时，得分应该不断增加。

把一个 "**将 s 增加 1**" 积木从 "**变量**" 积木分组拖曳到此处的循环中。

单击 "▶" 以测试你的积木。

舞台左上角的分数应该持续增加。

7

把一个 "**将……设为……**" 积木拖曳到程序中的循环开始之前。每次开始玩游戏时都必须重置分数。

8

接下来，当鲨鱼捉到小鱼时，我们要让游戏停止。从 "**侦测**" 积木分组中，把 "**碰到……?**" 积木拖曳到 "**重复执行直到……**" 积木中。将其设置为 "**角色 2**"（即鲨鱼）。

9

双击 "**鲨鱼**" 角色，来添加控制它的积木。复制左边的积木给角色，这能够使鲨鱼去追逐你的小鱼。其他提示请参见第 51 页的步骤 5。

现在来测试你的游戏！

游戏结束后将两个角色分开以便开始新游戏。

计算单击次数

有本事就来拍拍我！

现在我们将学习如何使用变量来计算鼠标单击的次数。我们将制作一个游戏，当小猫在屏幕上移动时，玩家必须以单击的方式轻拍它。我们需要一个变量来计算小猫被轻拍的次数。在游戏结束时，将显示分数。

如何编写轻拍小猫游戏

1

建立一个变量来保存分数。

   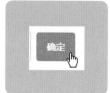

单击"**变量**"积木分组。单击"**建立一个变量**"。命名为"**s**"（score 的缩写，代表分数）。然后单击"**确定**"。

2

我们将通过创建一个循环来让小猫移动。从"**事件**"积木分组中，拖曳出"**当▶被点击**"积木。从"**控制**"积木分组中拖曳一个"**重复执行直到……**"积木。再拖曳一个"**移动……步**"积木。

将"**移动……步**"积木中的参数更改为 5 以减慢小猫的速度。

3

当单击小猫时，分数必须增加。

单击"**事件**"积木分组。将"**当角色被点击**"积木拖曳到代码区域。

单击"**变量**"积木分组。拖曳"**将……增加……**"积木并将它们组合起来。

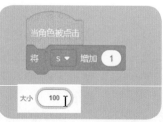

适当缩小小猫角色的大小，然后测试你的代码。

4

为了让小猫每次都从同一个地方开始，我们需要从"**运动**"积木分组中拖曳一个"**将 x 坐标设为……**"积木并将其插入循环开始之前。

将 x 坐标设为 -180。

如果你在使用"**将x坐标设为……**"积木时需要帮助，请参考第49页内容。

5

每次当我们开始游戏时，分数都需要重置为 0。

当单击"▶"开始游戏时，我们通过添加"**将……设为……**"积木来让 Scratch 实现它。

单击"**变量**"积木分组。

拖曳一个"**将……设为……**"积木。

6

接下来，我们要让小猫能够在屏幕边缘停下来。

单击"**侦测**"积木分组。

将一个"**碰到……？**"积木拖曳到"**重复执行直到……**"积木中，然后在下拉菜单中选择"**舞台边缘**"。

7

最后，我们希望在游戏结束时显示分数。

单击"**外观**"积木分组。

将一个"**说……**"积木拖曳到"**重复执行直到……**"积木的末尾。

单击"**变量**"积木分组。

将"**s**"积木拖曳到"**说……**"积木上来显示分数。

挑战

你能为游戏添加声音效果吗？
让小猫每次被单击时发出"**喵**"的声音。

调试

编程是一个反复试错的过程——你可以测试想法并看看它们是否有效。犯错是正常的！错误（Bug）是导致程序无法正常运行的一段代码的另一种说法。调试意味着修复这些错误。尝试一下下面这些调试练习。

关键词

调试： 改正让代码不能正常工作的错误。

调试技巧

当你的代码没有按照你的意愿执行时，你可以尝试下面3种方法。

1 逐行检查代码，思考每条命令的作用。

2 画个图或图表来协助你分析问题。

3 休息几分钟！

1 调试这条 LOGO 代码，使其通过重复执行循环绘制正方形。

repeat 3 [fd 100 rt 90]

2 现在修改这条 LOGO 代码，让它也能绘制出一个正方形来。

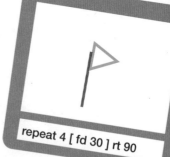

repeat 4 [fd 30] rt 90

3 下面这段 Scratch 代码中有一个错误。修复它并让它绘制出一个正方形。

4 当小猫碰到墙壁时，它应该停下来，但实际情况并非如此。找到程序中的错误。

5 变量 "**s**" 在游戏中用来保存分数。单击角色时，分数应该增加 10，但它现在只会增加 5。找到错误并修改。

如何避免错误!

即使有经验的程序员也会出现错误，但你可以将错误降低到最低限度。编程时请考虑以下准则。

❶ 使用图表或笔记来仔细规划你的程序。

❷ 当你学习编程时，最好是编写许多个小而精练的程序，而不是一个大而复杂的程序。

❸ 在编程的过程中反复测试程序!

6 当游戏开始时，得分（变量 "**s**"）应设置为 0。每次单击角色时，得分应增加 1。请调试代码。

参考答案

第41页

1 八边形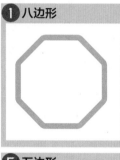

2 六边形

3 小三角形

4 大三角形

5 五边形

6 圆形

7 大正方形

8 长直线

第45页

1 小正方形　**2** 大正方形　**3** 六边形　**4** 小圆　**5** 大圆

第62~63页

1 repeat 4 [fd 100 rt 90]

2 repeat 4 [fd 30 rt 90]

3
需要在循环内部。

4
应该是棕色(墙壁的颜色)。

5
应该是10。

6 搭配错误,将积木对调。
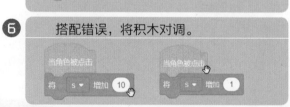

Browser

本书其他部分内容

第 1 部分

介绍编程的基本原理。学习 LOGO 和 Scratch 编程语言。

第 3 部分

通过学习 "if" 条件分支语句，我们可以学到更多解决问题的方法。编写一个简单的 Python 测试程序，或者让机器人制作一个三明治！

第 4 部分

通过使用 HTML 语言来编写网页，让你的编程技巧更加娴熟。同时，也会学习如何使用 JavaScript 编程。开发一个关于宠物的网站！

给家长和老师的指导手册

为家长和老师准备的手册，里面包含了背景信息和对于全书主题的详细说明。

词汇表

数据： 计算机可以存储和使用的信息。

调试： 解决计算机程序中问题的过程。

度： 角度的度量单位。

下载： 把信息从一台计算机复制到另一台计算机上，通常在网络环境下进行。

事件： 程序运行时发生的一件事，如按下键盘按键。

输入： 一种从外部传递信息给程序的行为。

编程语言： 用于编写程序的单词、数字、符号和规则系统。

LOGO： 一种计算机语言，可以控制乌龟在屏幕上移动并绘制图形。

循环： 重复执行一组指令。

输出： 计算机用来表示程序执行后结果的一个方式，例如移动角色或发出声音。

像素： 在计算机里表示图像的最小单位。

程序： 告诉计算机如何执行某些操作的特殊命令。

Scratch： 一种使用积木编程的图形化编程工具。

代码区域： 在 Scratch 3.0 中，这个区域位于屏幕中间，在 Scratch 中你需要将积木拖到这里。

角色： 在屏幕上移动的对象。

舞台： 在 Scratch 3.0 中，这个区域位于屏幕右侧，你可以在这里看到你的角色移动情况。

变量： 计算机程序存储数据或信息的一种方式，变量的值可以在某些情况下发生改变。

编程
超有趣

玩转Python

1 2 **3** 4

QED

资源汇总

这里提供了一些Scratch和Python的基本信息，接下来就可以开始我们的编程之旅了。

Scratch

在你使用Windows操作系统的计算机或苹果电脑上打开浏览器，访问Scratch官网，单击"创建"或"开始创作"按钮。

有一个功能类似的网站叫作Snap，可以在iPad上使用。

如果你想在不联网的情况下使用Scratch，可以在Scratch官网下载安装包。

在使用Windows操作系统的计算机上安装Python

1. 访问Python官网。
2. 单击"Downloads"，然后选择"Download Python"（请选择3.4或更高版本）。
3. 双击下载的文件，跟随向导完成安装。
4. 单击"开始"按钮，单击"Python"，接着单击"IDLE"（在Windows 8中，单击屏幕右上方的"查找"，输入"idle"，随后单击并运行程序）。

在苹果电脑上安装Python

1. 访问Python官网。
2. 单击"Downloads"，然后选择"Download Python"（请选择3.4或更高版本）。
3. 双击下载的文件，跟随指令完成安装。
4. 为了快速访问Python，请单击屏幕右上方的"Spotlight" 🔍 搜索。
5. 在对话框中输入"idle"，Spotlight idle 然后按"Enter" ⏎。

在苹果电脑上为Python创建一个图标（可以帮助你更容易找到程序）：

1. 打开"Finder"。
2. 在"前往"菜单下单击"应用程序"。
3. 找到Python，单击图标。
4. 将IDLE拖曳到屏幕底部或侧面的"dock"（菜单栏）。

网络安全

儿童应该在家长的监督下使用互联网，在第一次访问陌生网站时应特别加以注意。

请下载我们的机器人并导入成Scratch的角色，这些资源可以在 http://www.qed-publishing.co.uk/extra-resources.php或者扫描右边的二维码获取。

目录　第3部分

Enter ↵

简介

要记住哦!

要记住哦!

通过对本书的学习, 你的编程技巧可以提升到一个新的高度。我们将从易于使用的编程语言Scratch开始, 随后我们将转向相对复杂一点的Python语言。你将在本书的学习中掌握包括选择、如何使用"**if**"语句和如何使用随机数等在内的一些基本概念。

唤醒你的记忆

在第2部分中, 我们学习了如何使用Scratch以及如何使用循环和变量。怕你忘记, 我们先对这些内容做一个快速回顾。

让我们先来回顾一下Scratch的工作原理。你可以在"舞台"区域移动角色。Scratch中的命令采用积木的形式组织, 你可以将它们连接起来生成程序。

这个区域被称为舞台。

从这里选择命令。

这是代码区域, 你可以把积木拖曳到这里。如果需要删除命令, 就把它拖离代码区域。

循环用来重复命令。下图和右图中的代码都是用来画一个正方形。

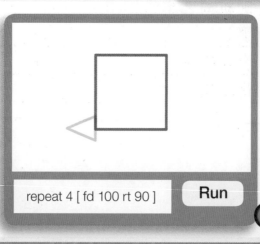

repeat 4 [fd 100 rt 90]

Run

变量可以用来存储信息。

Age= 8

AGE

接下来的学习内容

在接下来的几页中，你将学习如何使用 "**if**" 语句在程序的不同部分进行选择。

测验大师

关键词

随机：不依赖于任何一种特定的模式或规律，所有可能的选择被选中的机会是一样的。

你将学习如何使用 Python 语言来写一个简单的程序。

```
for n in range(1,101):
    print(n)
```

你将学会如何在程序中使用随机数来生成一幅随机艺术作品。

你将学会如何使用 Python 语言生成一个随机三明治。

```
from random import  *
f1=["cheese", "egg", "jam"]
f2=["carrot", "cress", "pickle"]
```

"如果"命令

我们需要使用
`if answer =`

问一个问题，如果答案是对的，说："很好！"

问："我是什么动物？"如果回答是"猫"，那么就回答："非常棒！"

我已经为我们接下来要做的事情做了一个计划。

有些时候我们想要根据不同的问题，给予不同答案的回复。我们可以通过使用**if**命令来实现，这种方法叫作"选择实现"。我们来做一个小测验试试看。

互动问答时间

1

打开Scratch，然后单击"**创建**"或"**开始创作**"。单击Scratch屏幕左侧的"**代码**"选项卡。单击"**事件**"积木分组。

将"**当▶被点击时**"积木拖曳到代码区域。

请下载我们的机器人并导入成Scratch的角色，这些资源可以在http://www.qed-publishing.co.uk/extra-resources.php或者扫描右边的二维码获取。

关键词

选择: 计算机程序在进行简单的问题判断或者值的检查之后，选择要运行哪个命令的一种方法。

我是什么动物？

单击"▶"来测试你的代码

2

单击"**侦测**"积木分组。

将"**询问……并等待**"积木拖到代码区域。

将问题的文本改成："我是什么动物?"

猫 ✔

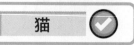

3 接下来我们需要让程序检查答案是否正确。单击"**控制**"积木分组。

把"**如果……那么**"积木加入程序。

4 单击"**运算**"积木分组。

把一个绿色的"**……=……**"积木中加到"**如果……那么**"积木中。

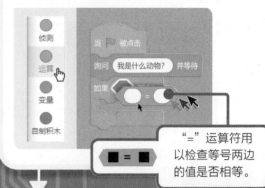

"="运算符用以检查等号两边的值是否相等。

5 单击"**侦测**"积木分组。

将一个"**回答**"积木放入"**……=……**"积木左边的框。

单击"等于"运算符右边的框,输入正确答案:猫。

6 单击"**外观**"积木分组。

将一个"**说Hello!**"积木加入"**如果……那么**"积木。

将文字修改为"**你真棒!**"。

单击"▶"测试你的代码。

挑战

你能设计一个更难一点的问题吗?

保存你的工作

单击左上角的"**文件**"菜单。

保存到电脑 —— 把一个文件保存到你的计算机。

从电脑中上传 —— 打开一个之前保存的文件。

新作品 —— 开始一个新的项目。

小测试

为了更好地改进小测试程序，我们需要让程序可以提出更多问题。同时，为了能够保存每次正确回答的分数，我们在程序中增加一个分数变量。

猜首都

1

启动Scratch。
创建一个只有一个问题的小测试。
修改问题和答案。
测试你的代码。

2

我们需要改进程序，让它在开始提出下一个问题之前等待一小会儿。

单击"**外观**"积木分组。

移除"**说你真棒！**"积木。

使用"**说你真棒！2秒**"积木替换。将文字修改为"**回答正确**"。

3

单击"**侦测**"积木分组。
将"**询问……并等待**"积木放在"**如果……那么**"积木之后。
输入下一个问题。

4

在第二个问题中增加检测答案的代码。

目前你的程序看起来应该是这个样子。

5

现在我们来创建一个保存分数的变量。

变量

建立一个变量

新变量名：

s

单击"**变量**"积木分组。
单击"**建立一个变量**"。

将变量命名为"**s**"。

然后单击"**确定**"

测试你的代码。观察舞台区左上角的分数在逐步增加。

6

为了在测验开始前将分数设置为0，请从"**变量**"积木分组中把"**将s设为0**"积木添加到程序中。

为了让每次回答正确后分数加1，添加"**将s增加1**"积木。

在另一个问题后增加同样的积木。

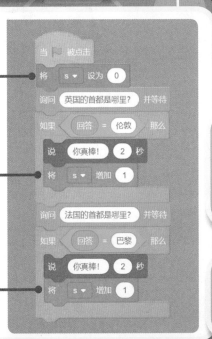

挑战

你能增加更多的问题吗？

修改代码，每次回答正确加2分。

75

"否则"命令

关键词
运算符：就是进行数学或者逻辑运算的代码。

我们已经学习了如何使用选择语句来检验一些条件是否成立。那么遇到一些条件不成立的情况时该怎么办呢？比如说问题回答错误，该怎么处理？我们接下来将学习使用"否则"命令来处理这种情况。

错误的答案

1

启动Scratch。

添加一个问题。如果需要帮助，可以在第72页查看如何添加问题。

修改你的题目。

2

单击"**控制**"积木分组。

把"**如果……那么……否则**"积木加入程序。

3

增加检查问题答案的代码。如果需要帮助，请回到第73页查看。

4

现在我们在程序中增加代码，让它可以根据答案的对错，给出不同的响应。

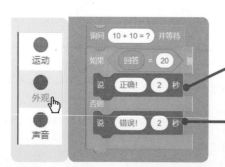

在"**如果……那么**"下的空白处增加一个"**说……2秒**"积木，并将文字改为"**正确！**"。

在"**否则**"下的空白处增加一个"**说……2秒**"积木，并将文字改为"**错误！**"。

现在你可以试着在程序中增加另一个问题。再次使用"**如果……那么……否则**"积木，这样参加测验的人就知道每个回答是否正确。

哪个大，哪个小?

我们已经学会了检查一个答案或变量是否等于某个值。接下来我们将使用"……＜……"积木和"……＞……"积木来比较变量的大小。下面我们将编写一个程序，在程序启动时来检查玩家的年龄。

1

创建一个新的项目。

填入问题："你多大了?"

2

单击"**控制**"积木分组，把"**如果……那么……否则**"积木加入程序。

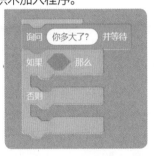

单击"**运算**"积木分组。把"**……＜……**"积木加入"**如果……那么……否则**"积木的六边形框中。

3

单击"**侦测**"积木分组。将"**回答**"积木放在"**……＜……**"积木左边的方框中，并在右边的方框中填入"**8**"。

4

单击"**外观**"积木分组。

在"**如果……那么**"下的空白处增加一个"**说 …… 2 秒**"积木，并写入对应的提示消息。

在"**否则**"下的空白处增加一个"**说 …… 2 秒**"积木，并写入对应的提示消息。

你可以在最后一个积木之后添加一个"**停止……**"积木来停止程序。

你可以开始测试程序了。试试编写一个只让8岁及以上的玩家使用的程序。

挑战

尝试在刚刚完成的程序中，用"**……＞……**"积木来替换"**……＜……**"积木。

如果角色被碰到……

选择语句在游戏中非常有用。例如，我们可以使用"**如果……那么**"积木来检查一个角色是否碰到另一个角色。

吃苹果游戏

接下来，我们要完成一个让小猫角色吃掉4个苹果角色的游戏。我们需要通过复制的方法在游戏中生成许多苹果角色。

我们分3部分来规划这个游戏。

1.
让小猫跟随鼠标指针移动

2.
如果小猫碰到了苹果，则将苹果隐藏并增加得分。

3.
生成大量苹果。

1

首先，我们将积木拖到代码区域，使角色在屏幕上跟着鼠标指针缓慢移动。

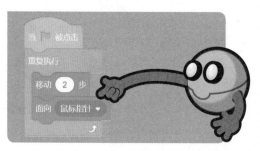

从"**事件**"积木分组中选择"**当▶被点击**"积木。从"**控制**"积木分组中选择"**重复执行**"积木，其他的积木根据上图从"**运动**"积木分组中选择。改变角色的移动速度，每次循环走2步。

单击Scratch屏幕顶部的"▶"来测试你的代码。

2

单击"**变量**"积木分组，增加一个叫作"**s**"的变量。

具体方法可以参考第75页中的第5步。

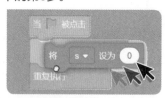

在"**重复执行**"积木上面增加"**将s设为0**"积木。

3

现在开始增加一个苹果。

单击这个图标。

向下滚动到苹果并单击它。

我让苹果消失啦！

4

接下来我们将向代码区域增加控制苹果的代码。

从"**事件**"积木分组中选择"**当▸被点击**"积木。

从"**外观**"积木分组中选择"**显示**"积木，然后从"**控制**"积木分组中选择"**重复执行**"积木。

"**显示**"积木将确保苹果在游戏开始的时候是可见的。

5

在每个循环里，我们都要检测小猫是否碰到了苹果。如果触碰到苹果，则增加得分。

将以下积木组合起来。

你可以在"**控制**"积木分组中找到"**如果……那么**"积木，在"**侦测**"积木分组中找到"**碰到……？**"积木，在"**外观**"积木分组中找到"**隐藏**"积木，在"**变量**"积木分组中找到"**将s增加1**"积木。

将"**碰到……？**"积木中的参数设置为"**角色1**"，也就是小猫角色。

6

> 如果苹果被小猫碰到了，把苹果隐藏起来，并将分数加1。

将"**如果……那么**"积木放到"**重复执行**"积木中。

这代表每次循环都将进行有关小猫与苹果"**是否碰到**"的检查。

7

最后，用鼠标右键单击苹果，并单击"**复制图片**"。（如果你在使用苹果电脑，你需要在单击的同时按住"**Control**"键。）

将刚复制的苹果拖曳到一个位置，并继续复制更多的苹果。

现在可以测试你的游戏了！

> 当苹果被复制的时候，其中的代码也一起复制过去了。

挑战

> 使用不同的角色来做创作一个你自己的游戏吧。
> 比如当单击"▸"的时候让苹果动起来，你看怎么样？

开始使用Python

Python是一种程序设计语言，它可以帮助你学习到更复杂的编程思想和技术。在Scratch中，我们拖动命令来制作程序。使用Python，你需要非常仔细地输入所有命令来保证你的程序正常工作。

安Python

Python可以免费下载，安装包中附带一个名为IDLE的编程环境，可以让你编辑Python程序。

在开始编程之前，你需要先下载并安装Python。在开始之前请成年人帮助你，询问他们是否介意在计算机上安装这些软件。关于如何安装，请参考第68页的内容。

哇哦！
下载！

使用 Python

 ① 启动Python的编辑器 IDLE。

在运行Windows系统的计算机上

 依次单击。**"开始"**
"程序"
"Python"
"IDLE"

在Windows 8系统上，在屏幕的右上角：

单击**"搜索"**。
输入**"idle"**。
单击图标运行程序。

在运行Mac OS的计算机上

单击 **"Spotlight** 搜索"（在屏幕的右上方）。

输入"idle"。　Spotlight idle

按 "回车" 键。

② 单击 **"File"**，然后选择 **"New File"**。

3

print命令可以让Python在屏幕上显示文本。输入以下代码:

```
print ("hello")
```

确认你输入的代码都是小写的, 不是大写的。

为了更好地显示各部分代码，你输入的程序将会自动转换颜色。print 命令为紫色，"hello"为绿色。

4

在运行程序之前, 必须先保存代码。

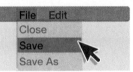

单击"**File**"，然后选择"**Save**"（保存到桌面）将程序命名为"**test**"，然后按"**回车**"键。

输入程序的时候一定要非常认真。你需要确保有括号和两个引号，没有遗漏才能使代码正常工作。

5

运行你的代码!

单击"**Run**"，然后选择"**Run Module**"。

```
print ("hello")

    >>>
    hello
    >>>
```

程序的输出将显示在另一个窗口中。

如果无法运行, 请仔细检查你的代码，然后再做测试。

恭喜

你已经完成了第一个 Python 程序。单击"**File**"，然后选择"**Exit**"，随后再对照步骤 1 ～ 步骤 5 反复练习。

修改你的程序，说点别的吧，比如说……

"再见!"

Python中的输出

"你好！"

现在我们要编写一些简单的Python程序。我们要练习使用Python在屏幕上输出文本，然后我们将使用Python进行简单的计算并输出答案。

Hello world!

1 启动Python编辑器IDLE，查看相关帮助，请转到第80页。

2 单击"**File**"，选择"**New**"。

3 输入你的代码

```
print("hello")
print("world")
```

在每一行输入之后，都要按"回车"键。

4 单击"**File**"，选择"**Save**"，选择一个文件名，并按"回车"键。

5 单击"**Run**"，选择"**Run Module**"测试你的代码。程序的输出应如下所示。

```
>>>
hello
world
>>>
```

进行计算

1 单击"**File**"然后选择"**New**"。

2 输入你的代码。

进行计算时不需要加引号。

```
print("ten plus ten is")
print(10 + 10)
```

3 保存并运行你的代码（具体方法请参考右侧的第4～5步）。程序的输出应如下所示。

```
>>>
ten plus ten is
20
>>>
```

Python就是这样来运行多行代码的。

20+20

50+20

10x10

8x8

现在尝试输入以下代码。请按照之前我们学习到的方法, 创建新程序, 保存并运行它。

1

```
print("twenty plus twenty is")
print(20 + 20)
```

2

```
print("fifty plus twenty is")
print(50 + 20)
```

3

```
print("ten times ten is")
print(10 * 10)
```

4

```
print("four plus four is")
print(4 + 4)
print("eight times eight is")
print(8 * 8)
```

答案在第 96 页。

计算机程序在进行乘法运算的时候使用*而不是 ×。

注意: 在进行计算时你不需要加引号, 但一定不要少了括号!

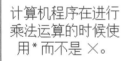

快捷键

保存工作的快捷方式是按住 "**Control**" 同时按下 "**S**" 键。(在苹果电脑上, 按住 "**Command**" 然后按 "**S**" 键。)

运行代码只需按键盘顶部的 "**F5**" 键即可。

挑战

你自己来写一个进行运算的程序吧。使用 – 来做减法, 使用 / 来做除法。你能写一个程序, 计算一年中的小时数吗?

用Python来提问

学习Scratch之后，可能会感觉使用Python编程比较麻烦。其实使用Python可以很容易地完成一些工作。下面我们将使用输入、变量和"if"命令来编写一个简单的测验程序。

是你吗？

❶ 启动Python的编辑器IDLE。如有需要，请在80页查询相关信息。

❷ 单击"**File**"，选择"**New**"。

❸ 我们让Python来问一个问题。输入如下代码。

```
name=input("what is your name? ")
```

❹ 单击"**File**"选择"**Save**"。选择文件名并按"**回车**"键。

❺ 单击"**Run**"选择"**Run Module**"来测试你的代码。程序的输出如下所示。

在这输入你的答案，并按"**回车**"键

```
>>>
what is your name?
>>>
```

❻ 我们想让Python对用户说"hello"。在你的代码中增加下图中的代码。

```
name=input("what is your name?")
print("hello", name)
```

保存并运行你的代码。想想看，会发生什么？

你叫什么名字？

......

第一行代码告诉Python将用户输入的内容存储在名为"name"的变量中。

第二行代码告诉Python输出"hello"及其存储的内容。

⑦ 我们可以修改代码，如果你的名字是 Max，程序就只会对你说"hello"。

```
name=input("what is your name?")
if name=="Max":
    print("Hello coder!")
```

输入这些代码

IDLE 会在这里增加一个制表符。如果没有添加，请你按"**Tab**"键。

关键词

输入：指示程序进行某些操作的一个动作，比如输入一个答案。

Max

⑧ 保存并测试你的代码。尝试更换你输入的名字。

你好！程序员！

输入程序一定要非常小心，注意以下这些细节。

两个等号

冒号 **:**

```
if name=="Max":
    print("Hello coder!")
```

"**Tab**"键

"**if**"命令检查某些内容是否为真。如果没有问题，则运行下一行代码。

小测试

现在你已经掌握了编写测验程序的相关知识。那么我们从这个问题开始："英国的首都名称是什么？"然后尝试在程序中添加更多的问题。

```
a=input("what is the capital of England?")
if a=="London":
    print("Correct")
```

```
>>>
what is the capital of England? London
Correct
>>>
```

Python中的循环

为什么需要循环?

我们已经学习了如何使用Python在屏幕上输出。现在我们将学习如何在Python中使用循环,通过循环我们可以重复输出对应的内容。

1 启动Python(具体方方法参考第80页)。

2 输入以下代码。

```python
print(1)
print(2)
print(3)
print(4)
print(5)
```

3 保存并运行程序。你可以看到屏幕上依次输出1 ～ 5这5个数字。

```
>>>
1
2
3
4
5
>>>
```

如果我们想一直输出到10, 需要添加更多的print命令。但如果我们想要用这种方法输出到100, 则需要很长时间来输入这些输出命令。同时这也意味着我们每次想要输出到不同的数字都必须更改程序。

其实我们可以非常容易地通过使用循环来进行计数。我们需要使用 "**for**" 命令。

变量 **n** 用来进行循环计数, 你可以选择任何你喜欢的字母作为变量。

初始值

在我们希望循环次数的最大数字之上加 1。

不要忘记冒号哦。

```python
for n in range(1,11):
    print(n)
```

IDLE 会自动添加一个缩进符。如果没有自动添加, 请按 "Tab" 键。

此处可以输入任何你想重复执行的命令。在这个程序中, 命令是输出 1 ～ 10 这10 个数字。

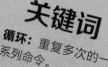

关键词

循环: 重复多次的一系列命令。

数到100

1 启动Python，并输入如下程序。

```
for n in range(1,101):
    print(n)
```

2 保存并运行程序。
你会看到数字 1~100 从屏幕
上依次翻滚而过。

```
>>>
1
2
…
98
99
100
>>>
```

print("DANGER! ")
print("DANGER! ")

print("number stampede! ")

试试吧

分别输入以下这些代码。在运行它们之前, 尝试预测一下它们的执行结果。参考答案在第96页。

1
```
for n in range(1,21):
    print(n)
```

2
```
for n in range(1,51):
    print(n)
```

3
```
for a in range(1,201):
    print(a)
```

4
```
for b in range(1,101):
    print(b*10)
```

5
```
for c in range(1,101):
    print(c*100)
```

记住哦!
* 号的意思是
乘法。

乌龟时间

在这里乌龟可以是机器人、角色或者箭头，我们可以对它们发出移动命令。在Python中，我们用来绘制图片的命令库称为"turtle library"。它告诉"乌龟"（也就是一个箭头）如何移动和绘图。我们接下来将学习如何使用它。

我们可以通过使用一组被称为库的特殊命令在Python中绘制图形（比如图表和图片）。在程序顶部，需要告诉Python我们将使用这个库。随后我们可以使用类似于在LOGO和Scratch（第1部分）中的命令来移动乌龟或角色。

❶ 启动Python。

❷ 输入如下程序。

```
from turtle import *
forward(200)
```

这行程序告诉 Python 将库中的所有命令导入我们的程序。

❸ 保存并运行程序。运行时将会打开一个新窗口显示运行结果。**forward（200）**命令将会画出这样一条线。

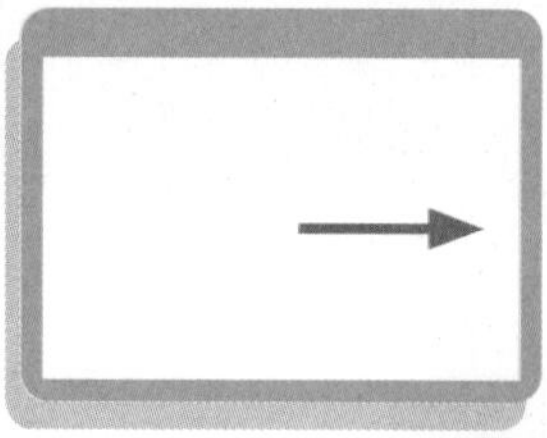

❹ 接下来我们可以使用**left**和**right**命令来控乌龟向左或向右转。试着将这些命令加入程序。

```
from turtle import *
forward(200)
right(90)
forward(200)
right(90)
```

保存并运行这段代码。

这条命令让乌龟向右转90度。

确保这行代码开头没有空格。

来试试这个吧

试着完成以下练习。参考答案在第96页。

❶ 增加一些代码，画一个正方形。

❷ 修改代码，画一个长方形。

注意，不要忘记在程序前添加**from turtle import ***

循环与图形

在第86页，我们学习了使用循环来重复执行命令。接下来我们可以使用循环来绘制图形。我们将使用一个名为 **n** 的变量来作为循环的计数器。输入以下代码。

```
from turtle import *
for n in range(0,4):
    forward(200)
    right(90)
```

这个循环绘制了正方形的 4 个边。我们可以选择任何字母作为循环的计数。本例中，我们使用 **n**。

冒号可以在下一行的开头自动添加一个制表符。

关键词

库： 是一组已保存并可供使用的命令集合。

来试试看吧

请分别输入如下程序。在保存并运行程序之前预测一下每个程序的输出对应哪个形状。参考答案在第96页。

1
```
from turtle import *
for n in range(0,6):
    forward(200)
    right(60)
```

2
```
from turtle import *
for n in range(0,8):
    forward(100)
    right(45)
```

3
```
from turtle import *
for n in range(0,5):
    forward(200)
    right(72)
```

4
```
from turtle import *
for n in range(0,5):
    forward(200)
    right(144)
```

用Python生成随机数

如果每次我们玩游戏时游戏总是相同的话，玩起来就会很无聊。在玩桌游的时候，我们可以通过掷骰子来决定玩家每次移动的距离。在计算机游戏中，我们可以让计算机选择一个随机数来达到类似的效果。

随机数

1. 启动Python，输入以下命令。**random**意味着我们将使用随机数。**import**告诉Python从库中导入这些命令。

```
from random import *
```

2. 输出一个随机数。

```
from random import *
print(randint(1,6))
```

randint (1,6)

randint 的意思是"随机整数"（一个随机整数）。

在 1 和 6 之间

3. 保存并运行程序。程序将会输出一个1~6之间的整数。每次运行程序，都会产生一个新的数字，如下图所示。

```
>>>
3
>>>
```

```
>>>
5
>>>
```

```
>>>
2
>>>
```

正面还是反面？

我们也可以用程序模仿掷硬币。我们将使用 "**choice**" 命令, 该命令可以从列表中选择一个单词。

1. 启动Python，输入如下程序。

```
from random import *
coin=["heads", "tails"]
print(choice(coin))
```

这行程序构造了一个叫 "**coin**" 的列表，该列表包含两个单词。注意，请加入双引号和方括号。

这行程序让 Python 从 "**coin**" 列表中随机选择一个词。

2. 保存并运行程序。程序将输出 "heads" （正面）或 "tails" （反面）。再次运行程序，看下结果。

```
>>>
heads
>>>
```

```
>>>
tails
>>>
```

```
>>>
tails
>>>
```

做一个三明治

最后，我们将学习如何用Python来制作三明治。我们将制作两个馅料的列表，并从每个列表中随机选择一种馅料。

1 单击 "**File**"，选择 "**New File**" 启动一个新的Python程序。

2 输入以下程序。

```
from random import  *
f1=["cheese", "egg", "jam"]
f2=["carrot", "cress", "pickle"]
```

3 最后再增加一行代码。

```
print(choice(f1), "and", choice(f2))
```

4 保存并运行程序，来看看能制作出什么样的随机三明治吧！

```
>>>
jam and pickle
>>>
```

```
>>>
cheese and cress
>>>
```

5 接下来你可以修改代码，使用 "**for**" 循环来一次性地生成10个三明治。

```
from random import  *
f1=["cheese", "egg", "jam"]
f2=["carrot", "cress", "pickle"]
for s  in  range(0,10):
    print(choice(f1),"and", choice(f2), "sandwich")
```

关键词

导入： 将数据从一个程序导入到另一个程序。

这是我最喜欢的馅料清单。不要忘记逗号和双引号。在两边都添加一个方括号。

我喜欢的馅料清单是 f2。

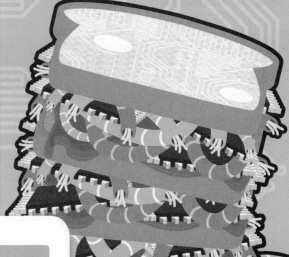

挑战

再增加一个叫 f3 的列表作为第三个馅料清单。

91

随机的艺术

让我们回到Scratch，看看我们如何使用随机数来控制计算机图形。接下来我们将绘制一系列斑点，它的位置、大小和颜色都由随机数来决定，这样就可以制作出一幅随机艺术作品。

坐标

我们通过设置角色的x坐标和y坐标来选择绘制的位置。

将x坐标设为 -200

"将 x 坐标设为……" 积木，用来设置 Scratch 中角色与屏幕左侧或右侧的距离。

将y坐标设为 100

"将 y 坐标设为……" 积木，用来设置 Scratch 中角色与屏幕上方或下方的距离。

随机泡泡艺术

 ❶

启动Scratch。单击"**画笔**"积木分组。将"**全部擦除**"积木和"**落笔**"积木放置到代码区域。

❷

单击"**控制**"积木分组，将"**重复执行……次**"积木放置在前两个积木之下，将循环次数设置为20次。

❸

单击"**运动**"积木分组，将"**将x坐标设为……**"和"**将y坐标设为……**"放置在"**重复执行……次**"循环中。

❹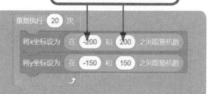

更改随机数的范围

为了随机生成线条，请单击"**运算**"积木分组。将"**在……和……之间取随机数**"积木放在"**将x坐标设为……**"积木的圆圈中。对"**将y坐标设为……**"积木执行同样的操作。

⑤

你可以单击程序中的任何积木来测试程序。

你的作品看起来应该是这样的。

⑥

现在我们来绘制随机的斑点。

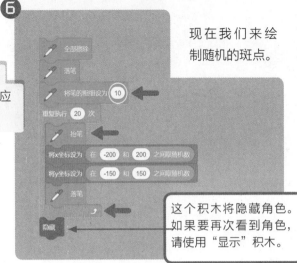

这个积木将隐藏角色。如果要再次看到角色，请使用"显示"积木。

单击"**画笔**"积木分组。把"**将笔的粗细设为……**"积木"**抬笔**"积木和"**落笔**"积木加入你的程序。将笔的粗细设置为10。从"**外观**"积木分组中将"**隐藏**"积木拖曳到程序末尾。改变笔的粗细可以让线条更粗。通过"**抬笔**"积木和"**落笔**"积木则绘制出的是斑点而不是线条。单击第一个积木来测试你的程序。

⑦

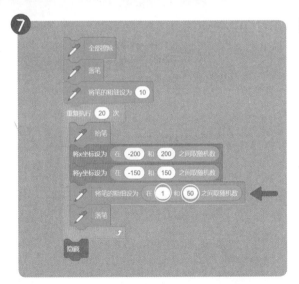

您可以通过添加另一个"**将笔的粗细设为……**"积木和"**在……和……之间取随机数**"积木（"**运算**"积木分组）来更改斑点的大小。修改随机数的范围以控制最小和最大斑点大小。测试一下吧！

⑧

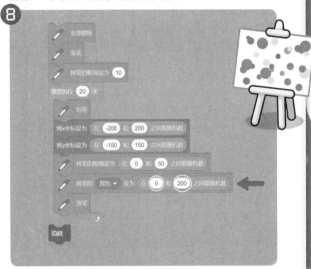

最后，从"**画笔**"积木分组中添加"**将笔的颜色设为……**"积木，并向其中添加一个"**在……和……之间取随机数**"积木。选择所需颜色范围，测试你的程序。接下来可以通过修改随机数范围和循环次数来做更多的测试。

调试

写程序其实就是一个反复试验的过程，不断提出想法并测试是否有效。写程序的时候出错是很正常的。

Bug是程序中错误和故障的代名词，它会影响程序的正常运行。调试的过程及时修复这些错误。请完成接下来的这些练习，可以在第97页查看答案。

1

这个Scratch程序应该在答案为4的时候输出"**非常棒!**"。但是这个程序没有做到这一点，我们来调试看看!

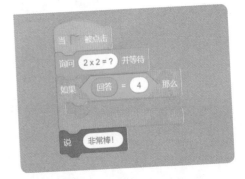

2

正常情况下，答案是25时，程序应该输出"**正确!**"，但现在程序运行时，除了答案是25之外都会输出"**正确!**"。来看看这个程序到底出了什么问题?

3

这段代码是小狗小猫游戏的一部分。当小狗捉到小猫之后，玩家会得到一分。但目前程序运行的时候，分数会归零。快来修复这段代码吧!

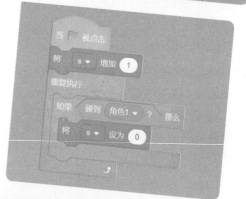

Python中的调试

4

以下每行Python代码都存在一些小错误，因此无法正常输出内容。请调试以下每一行代码。

A

```
prinnt("Hello everyone!")
```

B

```
Print("This is my program.")
```

C

```
Print("Goodbye-hope you enjoyed it!)
```

5

以下代码本应输出1～10之间的数字，但是运行时只会输出到9，来调试一下吧!

```
for n in range(1,10):
    print(n)
```

6

这段代码应该输出从1～20的数字，但是运行时没有任何的反应。你看出有什么问题吗?

```
for n in range(1,21):
print(n)
```

7

这段代码应该输出1～6之间的随机数，但运行时总是输出6，来调试下吧!

```
from random import *
print(randint(6,6))
```

调试指南

当代码没有按照你的设计来执行时，你应该:

1 逐行检查你的代码，确认一下每个命令是否正确。

2 通过绘制流程图来辅助思考。

3 休息几分钟!

编程时请参考以下准则:

1 仔细设计你的程序——例如使用流程图或一些注释。

2 当你开始学习编程时，最好先练习编写一些简单的程序，不建议在初学阶段就尝试编写一个很复杂的程序。

3 边写程序边测试。不要等到程序编写完再测试。

参考答案

第 83 页

1
```
>>>
twenty plus twenty is
40
>>>
```

2
```
>>>
fifty plus twenty is
70
>>>
```

3
```
>>>
ten times ten is
.100
>>>
```

4
```
>>>
four plus four is
8
eight times eight is
64
>>>
```

第 87 页

1 1 2 3... 19 20

2 1 2 3... 49 50

3 1 2 3... 199 200

4 10 20 30... 990 1000

5 100 200 300... 9900 10000

第 88 页

1
```
from turtle import *
forward（200）
right（90）
forward（200）
right（90）
forward（200）
right（90）
forward（200）
right（90）
```

2
```
from turtle import *
forward（200）
right（90）
forward（100）
right（90）
forward（200）
right（90）
forward（100）
right（90）
```

第 89 页

1 六边形

2 八边形

3 五边形

4 五角星

Browser

www.qed-publishing.co.uk/extra-resources.php

请下载我们的机器人并导入成Scratch的角色。这些资源可以在我们的官方网站上下载，或者扫描右边的二维码获取。

带我走吧！

我才是最棒的！

选我吧

我！我！

第94~95页

① 该行代码应该放在循环中

② 代码位置错误，交换两行代码的位置

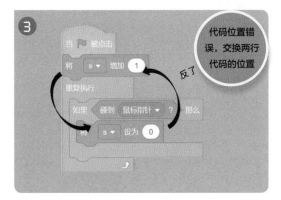

③ 代码位置错误，交换两行代码的位置

④ a）prinnt应该为 print（只有一个n）
b）Print 应该是 print（而不是大写的p）
c）it! ）应该是it! "）（结尾处少了一个双引号）

⑤ 应该是range（1，11）而不是（1，10）

⑥ print（n）之前应该有个制表符
……print（n）

⑦ 应该是randint（1，6）而不是（6，6）

本书其他部分内容

第1部分

介绍编程的基本原理。学习LOGO和Scratch编程语言。学会在屏幕上移动乌龟和角色！

第2部分

在基础的编程内容上，增加循环和重复。用Scratch编写一个迷宫，同时学习如何在游戏里增加声音效果！

第4部分

通过使用HTML语言来编写网页，让你的编程技巧更加娴熟。同时，也会学习如何使用JavaScript编程。开发一个关于宠物的网站！

给家长和老师的指导手册

为家长和老师准备的手册，里面包含了背景信息和对于全书主题的详细说明。

词汇表

编辑器: 用于输入和编辑代码的应用程序。

图形: 以图片、流程图或形状等形式显示的数据。

IDLE: 编写Python代码的编辑器。

如果……那么……否则(if……then……else): 编码中常见的选择形式,如果某些内容为真则运行命令,如果为假则运行不同的命令。

导入: 将数据从一个程序添加到另一个程序。

输入: 一种从外部传递信息给程序的行为。

整数: 例如1或24。

编程语言: 编写程序所需要的单词、数字、符号以及规则的系统。

库: 已存储并可供使用的命令集合。

循环: 可以多次重复执行的一系列的命令。

运算符: 一段执行数学或逻辑运算的代码。

输出: 程序运行结果的展示,如移动角色或发出声音。

程序: 告诉计算机如何执行某些操作的特殊命令。

Python: 一种使用文本(单词、字母、数字和符号)来编写程序的编程语言。

随机: 所有可能的选项都有同样的被选中的机会。

Scratch: 一种使用积木来编程的图形化编程工具。

选择: 程序在进行判断或者检查之后选择运行哪个命令的方法。

变量: 计算机程序存储数据或信息的一种方式,变量的值可以在某些情况下发生改变。

编程
超有趣

玩转 HTML 与
JavaScript

1 2 3 **4**

QED

网络安全

　　儿童应在成年人监督下使用网络，特别是首次访问某个不熟悉的网站时。

　　读者们不需要在线分享代码也能学习 HTML 和 JavaScript，在上传任何内容到网上前，请阅读第 124 页有关网络安全的建议。

目录 第4部分

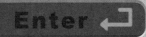

Enter

了解一下

什么是万维网？

用网线以及如今常用的无线连接，计算机可以被联通起来。这样连接在一起的计算机群被称为网络。我们可以利用网络分享信息和资源。

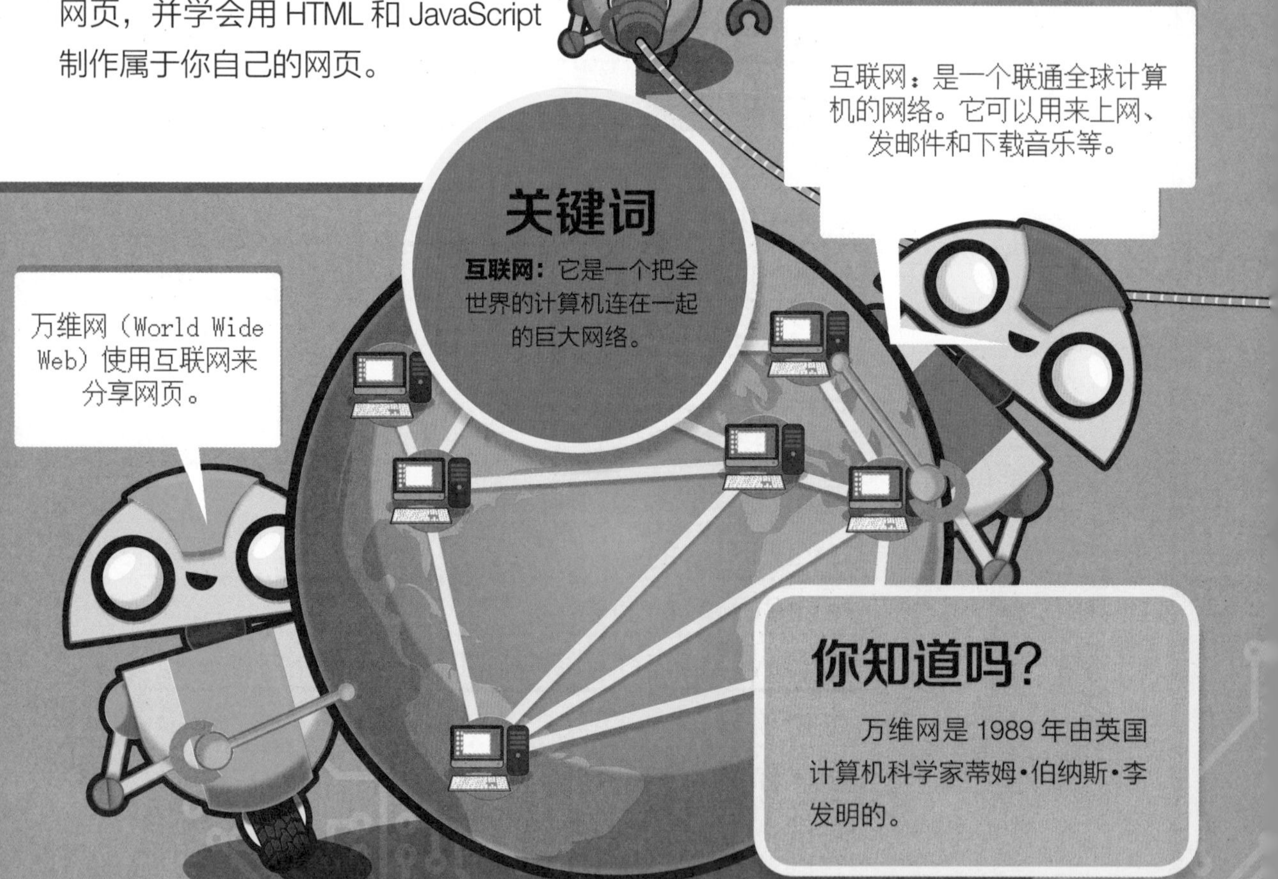

你大概每天都会用万维网来找东西、看新闻或者欣赏音乐和视频吧。在这本书中，你将会了解到如何创建网页，并学会用 HTML 和 JavaScript 制作属于你自己的网页。

互联网：是一个联通全球计算机的网络。它可以用来上网、发邮件和下载音乐等。

关键词

互联网：它是一个把全世界的计算机连在一起的巨大网络。

万维网（World Wide Web）使用互联网来分享网页。

你知道吗？

万维网是 1989 年由英国计算机科学家蒂姆·伯纳斯·李发明的。

网络上的所有网页都有它们自己各自的网址，这样我们想去哪个页面，便可以通过它们的网址直接访问它们——就如同通过地址能够直接找到哪条街上的哪栋房子一样。这个地址被称为 URL，意思是统一资源定位符。网页之间通常通过超链接连接在一起。单击这些链接，便可以从一个页面跳转到另一个页面。

Bai**du**百度

百度一下

什么是 HTTP?

使用互联网分享信息，人们必须遵守一套互联网上通用的规则。如果每个人使用的规则不同，我们就没有办法和世界上的其他人共享信息了。这些规则被称为协议（protocol）。万维网上使用的协议被称为超文本传输协议（Hypertext Transfer Protocol，简称 HTTP）。你或许在网址的开头看到过"http"的字样。HTTP 是通过互联网传送网页的标准方式。

什么是 HTML?

网页是用一种特殊的语言或者代码写出来的，这个代码被叫作 HTML（超文本标记语言）。本书将会告诉你如何用 HTML 生成你自己的网页。

文本编辑器 – headings.html

```html
<html>
  <h1>London</h1>
  <p>England</p>
  <h1>Paris</h1>
  <p>France</p>
</html>
```

JavaScript

本书还会教你如何在网页里添加 JavaScript。JavaScript 是一种编程语言，把这种语言用在网页里，你就可以与你的网页做更多的交流了！

```
<script>
for(var n=1; n<10; n++)
    document.write(n);
</script>
```

关键词

万维网： 使用互联网来连接来自世界各地信息的系统。

什么是服务器?

为了在互联网上分享你所制作的网页，你需要把它们上传到一个专门的计算机里，这台计算机被称为服务器。但是不用担心，学习制作网页，你只需要在一台普通的台式机或者笔记本电脑上工作就可以了。你现在需要做的就是学习制作网页并把它保存在你自己的计算机里。

什么是浏览器?

浏览网页需要使用一种专用的软件，我们把它叫作浏览器。当下常用的浏览器包括 Chrome（谷歌浏览器）、Firebox（火狐浏览器）、Internet Explorer（IE 浏览器）以及 Safari（苹果系统浏览器）。浏览器使用 HTTP 来访问网页，并解释 HTML 里的代码，然后在你的计算机屏幕上显示出网页来。

创建网页

如果你要制作一个可以在网上显示信息的页面，那么你需要用到一种代码或者语言来进行编写，这种代码或者语言叫作 HTML。我们需要使用一个叫作文本编辑器的程序来编写我们的 HTML，并且需要在一个浏览器里面来查看它。

标签: HTML 的小技巧

为了表示网页里有什么在运行，我们使用专门的代码，它叫作标签。

标签前后通常有一个尖括号 ◇。

网页必须以开 HTML 标签来开始。

在这两个标签之间的所有代码都被称为 HTML。

文本编辑器 – mypage.html

```
<html>
    My web page
</html>
```

结束标签有一个斜杠：/

最后以关 HTML 标签为结束。

让我们现在就开始吧!

首先，我们先来制作几个简单的网页。你可以将它们保存到你的计算机上，而不是存到网上。这样我们便可以更快、更安全地检验及尝试各种想法。

要做网页，你需要一个文本编辑器和一个网页浏览器（第129页会说明如何找到文本编辑器）。你的计算机上可能已经有网页浏览器了，它是一种用来观看网页的程序。

文本编辑器是专用的文字处理器，有点像输入一个故事或者一封信时所使用的软件。在你的计算机上可能已经有文本编辑器了。这个软件在 Windows 操作系统中叫记事本，而在苹果操作系统中则叫文本编辑。

关键词

标签: 一个专门用来描述网页中有什么的名词。

在你的计算机上创建一个网页

1

在一台使用 Windows 操作系统的计算机上

单击："**开始**"→"**程序**"→"**附件**"→"**记事本**"。

Windows 8：在屏幕的右上角单击"**搜索**"，输入"**记事本**"，然后单击程序。

在苹果电脑上

单击"**Spotlight**" 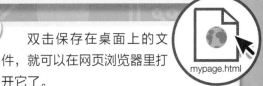（在屏幕的右上角）。

输入"textedit"。 按**回车键**。

2

如果你使用的是苹果电脑，在开始之前，你需要确认页面是以正确的方式被保存的。单击文本编辑器的"参考"菜单，然后单击"纯文本"，取消"智能引号"的勾选（第 129 页有更多相关的说明）。

3

在你的文本编辑器里输入你的网页。单击文件，然后单击保存，将它保存在你的桌面上，并命名为 mypage.html。

文本编辑器 – mypage.html

```
<html>
    My web page
</html>
```

不要忘记输入 <、> 和 /，同时要注意，必须用英文输入法输入哦！

4

双击保存在桌面上的文件，就可以在网页浏览器里打开它了。

浏览器
//desktop/mypage.html

My web page

注意哦！

如果你找不到 mypage.html 文件，想一想你把它保存在哪里了。如果你还是找不到，那么从第 1 步重新开始一遍，并试着把你的文件保存到桌面上。然后把文本编辑器挪到一边（拖动其标题部分），这样你就能够在桌面上看到那个文件。

确认你保存的文件名是 mypage.html，而不是 mypage.txt。使用正确的扩展名（.html）是非常重要的。当你保存文件时，注意不要勾选"隐藏扩展名"和"如果没有提供扩展名，那么使用 txt"这两个选项。

使用HTML

我们要研究一下HTML网页里更具体的知识了。在网页里，每一个对象都有一个专门的标签，用来告诉网页这些对象是什么。接下来，我们将要学习如何使用不同的标签。

制作一个标题

1 打开你的文本编辑器。关于如何操作，见第105页。

2 在你的文本编辑器里，输入以下代码。

h1 的意思是标题。

文本编辑器

```
<html>
    <h1>My story</h1>
    <p>Once upon a time</p>
</html>
```

3 保存这个文件，并命名为 headings.html。

4

headings.html

找到左图这个文件，双击它。

p 的意思是段落。

整理一下你的桌面，把你的文本编辑器放在屏幕左边，浏览器放在右边（如下图所示）。这样更加容易测试。

5 此时，你会看到你的页面如下图所示。

浏览器
//desktop/headings.html

My story

Once upon a time

文本编辑器 – headings.html

```
<html>
    <h1>My short story</h1>
    <p>Once upon a time</p>
</html>
```

浏览器
//desktop/headings.html

My short story

Once upon a time

试着改换一些文字。然后单击"文件"并"保存"。

单击"刷新"按钮看看有什么变化。

其他标签

在一个普通的文本里，通常有很多标签。你可以使用它们来强调特定的词或者生成不同类型的标题。试着在你的页面里加入一些这样的标签。记得在你想改变的词前加上开标签。花点时间来做些小调整，每一次都保存并刷新你的页面。

标签	含义	例子	表象
\<h1\>	主标题	\<h1\>Europe\</h1\>	**Europe**
\<h3\>	副标题	\<h3\>United Kingdom\</h3\>	**United Kingdom**
\<strong\>	加粗体	It was \<strong\>very\</strong\> tasty.	It was **very** tasty.
\<em\>	强调（斜体）	It was \<em\>very\</em\> tasty.	It was *very* tasty.
\<mark\>	标记文本	10 20 \<mark\>30\</mark\> 40 50 60	10 20 30 40 50 60

现在试试这些

试着输入下列 HTML 代码。保存并刷新后查看每个页面的外观。参考答案见第 128 页。

1 文本编辑器 – headings.html

```
<html>
    <h1>Cyber Cafe</h1>
    <p>Open every day</p>
</html>
```

2 文本编辑器 – headings.html

```
<html>
    <h1>Code School</h1>
    <h2>Smith Street</h2>
    <p>Learn to code</p>
</html>
```

3 文本编辑器 – headings.html

```
<html>
    <h1>Huge</h1>
    <h3>Medium</h3>
    <h5>Tiny</h5>
</html>
```

4 文本编辑器 – headings.html

```
<html>
    <h1>London</h1>
    <p>England</p>
    <h1>Paris</h1>
    <p>France</p>
</html>
```

不用太担心 HTML 代码的对齐和缩进问题。在这本书里，我们用缩进来更直观地展示 HTML 编码（这样它会更易读）。大多数的程序员在写网页时是这样做的。

确保你的文件名的扩展名是 .html，不然的话，就要出错了！

地址和链接

要送到哪里呢？

每一个网页在网络上都有自己独有的地址。大多数的网页也会有超链接。每单击一个链接，都会把你带到另一个页面或者另一个网站。我们将学习地址和超链接是如何工作的。

认识网页地址

就像每一个房子有它自己的地址一样，每一个网页也有它自己专属的地址，叫作 URL。

URL 的意思是统一资源定位符。

浏览器

 www.mysite.cn/mypage.html

My web page

地址的每一个部分都告诉我们一些关于网页的事情，以及它在哪里：

www.mysite.cn/mypage.html

大多数的网页以 www 开始。

网站可能位于中国。

网页叫 mypage。

网页的格式是 HTML。

全世界的网页地址

URL 在斜线 / 之前的一部分叫作域。域最后的一部分告诉我们页面从哪里来。

.cn 意思是来自中国

.au 意思是来自澳大利亚

.uk 意思是来自英国

.de 意思是来自德国

.es 意思是来自西班牙

.ca 意思是来自加拿大

超链接： 能够跳转到另一个页面，或者跳转到本页面另一部分的链接。

创建一个超链接

在 HTML 里创建一个链接，我们需要用到另一个标签：<a> 和 </a>。

单引号

<a href='http://www.baidu.com'>Baidu</a>

我们要链接的网站的 URL。

用户会点到的文字。

在 URL 的开头不要忘记 http://。

试着做一下：

1 打开你的文本编辑器（关于如何打开文本编辑器，见第105页）。

2 在文本编辑器里输入：

文本编辑器

```
<html>
    <a href='http://www.baidu.com'>Baidu</a>
</html>
```

3 保存这个文件，并命名为mylinks.html。

4 找到名为mylinks.html的文件，然后双击它。

mylinks.html

确保文件名的结尾是 .html，否则的话它不会正常工作。

5 你现在应该可以在网页浏览器里看见你的页面。

浏览器

//desktop/mylinks.html

Baidu

当你把鼠标指针移动到超链接上时，它应该变成一个小手指形状。试着单击它。

浏览器

http://www.baidu.com

Baidu百度

百度一下

单击后退箭头回到你的页面。

很多链接

你会选择哪个网站呢？

我常用的网站

1

打开你的文本编辑器。如果你忘了怎么打开，去第 105 页看一看。

我们已经知道超链接如何运作了，那么我们来创建一个网页，在里面会有一些网站的链接。我们将用标题和段落标签来给这个页面加上文字。

2

在你的文本编辑器里，输入以下代码。

文本编辑器

```
<html>
    <h1>My Favourite Sites</h1>
    <p>Click one of these:</p>
</html>
```

3

保存文件，并命名为 mypages.html，然后双击这个文件，来看看它现在长什么样。

mypages.html

4

整理一下你的桌面，把你的文本编辑器放在屏幕左边，网页浏览器放在右边。

单击"刷新"，看看有什么变化。

文本编辑器 – mypages.html

```
<html>
    <h1>My Favourite Sites</h1>
    <p>Click one of these:</p>
</html>
```

浏览器　//desktop/mypages.html

My Favourite Sites

Click one of these:

在修改之后，单击"文件"，然后"保存"。

5

在你的 HTML 网页上增加一个新的锚标签，里面是你常用的一个网站。

保存并再次刷新你的页面，来看看结果。

文本编辑器 – mypages.html

```
<html>
    <h1>My Favourite Sites</h1>
    <p>Click one of these:</p>
    <a href='http://www.baidu.com'>Baidu</a>
</html>
```

6 增加第二个锚标签和网站，保存并刷新页面来验证结果。

文本编辑器 – mypages.html

```
<html>
    <h1>My Favourite Sites</h1>
    <p>Click one of these:</p>
    <a href='http://www.baidu.com'>Baidu</a>
    <a href='http://www.ptpress.com.cn/shopping/index Books</a>
</html>
```

哦~
有趣的网站。

你的页面现在看起来应该像右图这样。

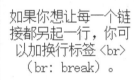

浏览器

//desktop/mypages.html

My Favourite Sites

Click one of these:
Baidu　　Books

单击这些链接，测试你的 HTML。如果运行正常的话，就添加更多的链接。在加入这些链接前，要让成年人来检查一下这些网站的内容哦。

如果你想让每一个链接都另起一行，你可以加换行标签
（br: break）。

```
<a href='http://www.baidu.com'>Baidu</a>
<br>
<a href='http://www.ptpress.com.cn'>Press</a>
<br>
<a href='http://www.ptpress.com.cn/shopping/index'>Books</a>
```

使用更高级的文本编辑器

你现在可以继续用记事本或者文本编辑器来创建网页。（如果你用 Mac 系统，你可能会遇到引号的问题。如果你准备用文本编辑器来创建更多样的 HTML 网页，要确保取消"智能引号"选项——见第 129 页。）

有许多程序能够帮你创建网页，但是要学习 HTML 和其他的网页技术的话，你需要一种能使你对所输入的代码有所控制的文本编辑器。

专门为 HTML 设计的文本编辑器能让你事半功倍。它会把代码的不同部分标记成不同的颜色，这样就容易检查了。它也会确保你正确地输入所有的标签。

Sublime Text 是一个很有用的文本编辑器，你可以在 Sublime Text 的官方网站上免费下载并使用。

上色啦

给文本涂颜色

1 在你的文本编辑器里新建一个网页，输入以下代码。

```
文本编辑器

<html>
    <h1>Web</h1>
    <p>Tim Berners-Lee</p>
</html>
```

我们已经知道如何在一个网页里添加文字和链接。现在我们将学习如何改变它们的颜色。我们还会用到一个 `<body>` 标签，这个标签包括了页面的所有内容。

2 保存文件，并命名为 colour.html，然后双击这个文件，来看看代码的效果。

colour.html

3 整理一下你的桌面，把你的文本编辑器放在屏幕左边，网页浏览器放在右边。这样就更加容易测试你的 HTML 的代码的效果。

如果做了改动，要单击"刷新"来更新你的浏览器页面。

无论你做了什么改动，都要单击"文件"→"保存"来保存你的文件。

```
文本编辑器 – colour.html

<html>
    <h1>Web</h1>
    <p>Tim Berners-Lee</p>
```

浏览器
//desktop/colour.html

Web

Tim Berners-Lee

4 编辑第二行，按照下面的内容输入。

"**color**"一定要这样拼写！这是美式英语拼写方法。现在保存并刷新网页。

```
文本编辑器 – colour.html

<html>
    <h1 style='color:red'>Web</h1>
    <p>Tim Berners-Lee</p>
</html>
```

浏览器
//desktop/colour.html

Web

Tim Berners-Lee

除了 red（红色），试一下输入 orange（橙色）、blue（蓝色）或其他颜色。

5 编辑第三行，按照下面的内容输入，你看到了什么？

```
文本编辑器 – colour.html

<html>
    <h1 style='color:red'>Web</h1>
    <p style='color:green'>Tim Berners-Lee</p>
</html>
```

1

改变背景颜色

要改变页面的颜色，首先，我们需要在我们的 HTML 上添加一个 <body> 标签。

这是一部杰作哦！

页面主体的开头

文本编辑器 – colour.html

```
<html>
  <body>
    <h1 style='color:red'>Web</h1>
    <p style='color:green'>Tim Berners-Lee</p>
  </body>
</html>
```

页面主体的结尾

2

现在我们要添加一个样式——"属性"，用来设置背景的颜色。

保存并刷新，页面看起来应该如下图所示。

文本编辑器 – colour.html

```
<html>
  <body style='background-color:yellow'>
    <h1 style='color:red'>Web</h1>
    <p style='color:green'>Tim Berners-Lee</p>
  </body>
</html>
```

浏览器

 //desktop/colour.html

Web

Tim Berners-Lee

试一下

试着输入下列 HTML 代码。参考答案见第 128 页。

1 文本编辑器 – styles.html

```
<html>
  <h1 style='color:blue'>Tim Berners-Lee</h1>
  <p style='color:orange'>Ada Lovelace</p>
  <p style='color:green'>Alan Turing</p>
</html>
```

2 文本编辑器 – styles.html

```
<html>
  <body style='background-color:black'>
    <p style='color:yellow'>Nelson Mandela</p>
    <p style='color:green'>Mahatma Gandhi</p>
    <p style='color:white'>Rosa Parks</p>
  </body>
</html>
```

保存并刷新，看看每一个页面看起来是什么效果。

添加JavaScript

我们已经学习了如何使用基础的 HTML 语言去选择在网页上实现什么，现在，我们来看看如何在网页上加入不同的语言。JavaScript，简称 JS。当我们做一个类似单击按钮的动作时，JS 会告诉页面具体做什么事情，它可以与 HTML 一起使用。

单击我！

1 用下面的 HTML 语句，来建立一个新的网页。

文本编辑器

```
<html>
  <button>Click me</button>
</html>
```

2 将你的文件存为 "hello.html"，然后双击文件，看看效果。

hello.html

浏览器

```
//desktop/hello.html
```

Click me

试试单击一下按钮：为什么什么都没有发生？很简单，我们还没告诉它我们要做什么。为了让它知道，我们需要加入一个 "监听器" 语句。一个监听器会在一个特定的事件被触发的时候，运行 JS 代码。这里我们会用到 "onclick" 监听器。

3 现在我们给你的代码加一些 JS 代码。

JS 代码要用单引号

文本编辑器 – hello.html

```
<html>
  <button onclick='alert("Hello")'>Click me</button>
</html>
```

双引号

如果你用了智能引号的撇号，你的代码可能没法运行，详见第 129 页。

4 保存然后刷新你的页面，再试试看。

浏览器

```
//desktop/hello.html
```

Click me

Hello

alert！（警告！）

这个"alert"（警告）是什么意思呢？

别慌！这个 alert 只是一个 JavaScript 代码，用来让浏览器显示出一则信息。

关键词

监听器： 指当特定事件发生时（如单击一个按钮），才会运行的一行代码。

问候语

1　在你的文本编辑器中打开一个新的网页，输入以下代码。

```
文本编辑器

<html>
 <button>Hello</button>
 <button>Goodbye</button>
</html>
```

2　把你的文档存为 greetings.html（即问候语链接）。然后双击打开检测一下。你会看到以下内容。

```
浏览器
//desktop/greetings.html

Hello    Goodbye
```

页面上已经有了两个按钮，但还需要代码才能令其运行。

这次我们需要添加两个单击事件接口，分别装在两个按钮上。

3　输入以下代码，同时记得仔细用好单引号和双引号——JavaScript 的内容两边加单引号，信息内容两边加双引号。

```
文本编辑器 – greetings.html

<html>
 <button onclick='alert("Hello")'>Hello</button>
 <button onclick='alert("Goodbye")'>Goodbye</button>
</html>
```

4　保存好文件，刷新一下，然后测试一下。

挑战

我们来做个实验：修改按钮上的内容和显示的信息，你能再添加第三个按钮吗？单击之后它会显示出什么呢？

115

JavaScript 的循环

做算术

1 在你的文本编辑器中打开一个新的网页，输入以下代码。

把你的文档存为 numbers.html，然后双击打开试一下。

文本编辑器
```
<script>
    document.write(10+10);
</script>
```

numbers.html

如果你曾用 Scratch 或者 Python 之类的程序设计语言写过代码的话，你应该对循环和变量有所了解。循环是一段有先后次序的指令，在计算机中能够重复执行。变量是存储在计算机中的一些数值。

2 整理你的桌面，把文本编辑器放在屏幕左侧，浏览器放在右侧。

在 Javascript 的句尾加上分号

JavaScript 的开端

JavaScript 的末端

文本编辑器 – numbers.html
```
<script>
    document.write(10+10);
</script>
```

浏览器
//desktop/numbers.ht

20

刷新

单击 **"文件"**，修改完成之后再单击 **"保存"**。

document.write 的用途是：
从网页向文档中输出内容，写入文档。输入数字或计算时需要在数字两边加上括号。

现在试试这样做

50+40
80-25

试着输入以下代码。保存并刷新后进行测试。参考答案在第 128 页。

1 文本编辑器 – numbers.html
```
<script>
    document.write(50+40);
</script>
```

2 文本编辑器 – numbers.html
```
<script>
    document.write(80-25);
</script>
```

关键词

循环：一段有先后次序的、能够多次重复执行的指令。

循环与重复

我们可以使用"for"循环来重复输入同样的内容。

编辑代码，如右图所示。

检查一下代码是否输入正确，无误的话显示出的内容应该是：123456789。

文本编辑器 – numbers.html

```
<script>
  for(var n=1; n<10; n++)
    document.write(n);
</script>
```

记得保存好文件，刷新并测试文件的内容！

关键词

变量：指存储在计算机程序中的数值或数据。

这段代码是如何运行的？

| var 表示变量。 | n 从 1 开始。 | n 在 10 之前结束。 | n++ 让 n 的值变大。 |

```
for(var n=1; n<10; n++)
  document.write(n);
```

这样就构成了一个从 1 开始的循环，其中用到的变量叫作 n。每执行一次循环，n 值就会加 1，同时会把数值写入文档。

当 n 值达到 10 时，循环结束。

再试试这样的操作

输入下列代码。我们将使用 **writeln(n)** 而不是 **write(n)** 以在数字之间留下空白。参考答案在第 128 页。

记得要确保分号都放在了该放的位置！

3 文本编辑器 – numbers.html

```
<script>
  for(var n=10; n<20; n++)
    document.writeln(n);
</script>
```

4 文本编辑器 – numbers.html

```
<script>
  for(var n=20; n<40; n++)
    document.writeln(n);
</script>
```

5 文本编辑器 – numbers.html

```
<script>
  for(var n=1; n<10; n++)
    document.writeln(10-n);
</script>
```

6 文本编辑器 – numbers.html

```
<script>
  for(var n=20; n>0; n--)
    document.writeln(n);
</script>
```

7 写一个1～100的循环。

8 写一个1～1000的循环。

JavaScript的函数

关键词

输入：一种对程序发送指令的操作（比如按下一个按键），用来指示程序如何工作。

我们已经掌握了如何通过JavaScript的循环功能来重复运行代码。然而，有些时候我们只想要重复部分代码，并且要用到不同的数值。要实现这个目的，我们还需要另外编写不同的指令，这个就叫作函数。

做个三明治吧

为了更好地理解函数这个概念，你可以把它想象成一个教机器人做三明治的任务。比如你想做一个芝士泡菜三明治，你需要给机器人一套具体的制作指南；如果你是想要鸡蛋水芹三明治，你需要写另一份不同的制作指南。到了最后，你可以写出各种各样的制作指南。

我现在什么样的三明治都会做了！客官喜欢吃什么？

我记不住这么多东西！

泥和鹰嘴豆的三明治：
在面包片上涂黄油。
把鹰嘴豆泥...

做个夹火腿和芝士的三明治：
拿两片面包。
在面包片上涂黄油。
把火腿放在面包上面。
把另一片...
切成三明...

做个夹蛋...
拿两片面包...
在面包片上...
把蛋放在它...
把另一片面包放在最...
切成三明...

做个夹芝士和西红柿的三明治：
拿两片面包。
在面包片上涂黄油。
把芝士放在面包上面。
把西红柿放在它们上面。
把另一片面包放在最上面。

做个来（夹心1、夹心2）的三明治：
拿两片面包。
在面包片上涂黄油。
把夹心1放在面包上面。
把夹心2放在它们上面。
把另一片面包放在最上面。
切成三明治形状。

其实我们也可以教会机器人做各种各样的三明治。由于还不确定要用到什么馅料，我们可以先记成"馅料1"和"馅料2"。接下来我们就能写一个普遍适用的三明治制作流程，像函数一样，这个流程可以多次使用。

与其这么说：

做一个芝士番茄三明治

做一个鹰嘴豆三明治

不如我们这样说：

用（"芝士""番茄"）来做三明治

用（"鹰嘴豆泥""鹰嘴豆"）来做三明治

做一个小测试程序

要编写出一个小测试的程序，需要我们先写用来提问的代码，再写用来检验答案是否正确的代码，最后播放器就会通知结果。

```
<script>
    var answer=prompt("What is 5 x 5?");
    if(answer=="25") alert("Well done");
    else alert("Wrong");

    var answer=prompt("What is 10 x 10?");
    if(answer=="100") alert("Well done");
    else alert("Wrong");

    var answer=prompt("What is 3 x 3?");
    if(answer=="9") alert("Well done");
    else alert("Wrong");
</script>
```

关键词

函数：一段有前后次序的指令。每当"调用"（call）一个函数时，这段指令就会执行特定的任务。

这一行代码要求输入信息，并将这个答复的信息存为一个变量，命名为 answer（答案）。

这一行代码是用来检验答案是否正确的。

如果正确的话则会显示"Well done"（答对了）。

如果答案不正确，则会显示"Wrong"（答错了）。

这个方法可行，但是每个问题都需要整整 3 行代码。我们需要更便捷的方法！

我们可以编写一个名叫"ask"（提问）的函数，来代替每个问题本来所需要重复的 3 行代码。每次要设置提问时，程序就会"调用"（运行）这个函数。

大括号的正确写法是 { 和 }。不要输错哦。

```
<script>
    function ask(question, correct){
        var answer=prompt(question);
        if(answer==correct) alert("Well done");
        else alert("Wrong");
    }

    ask("what is 5 x 5","25");
    ask("what is 10 x 10","100");
    ask("what is 3 x 3","9");
</script>
```

这一行代码用来定义 ask 函数。

这个函数用到的代码和之前用过的很相似，但相比之前的 "what is 3×3？" 这句话，这里用到了一个名叫"question"（问题）的变量。

这几行就是提问的内容，它们能够"调用"函数，并为每个问题和答案的函数传递数值。

❶ 在文本编辑器中打开一个新的网页，输入上图中的内容。

❷ 把文件存为quiz.html，然后双击打开文件检测一下。

❸ 现在你可以自己运用这个ask函数来添加更多的问题了。

JS（JavaScript）函数与HTML的结合方法

我们已经掌握了如何用JavaScript 函数来编写一个简单的线性程序。"线性"即指函数是按照顺序一个接一个地运行的。现在我们将要学习的是如何通过单击不同按钮来同时运行不同的函数。

改变颜色

这次我们的任务，是制作一个通过单击不同按钮就可以改变颜色的网页。我们先从做页面入手，在页面上放上一个按钮，然后编写一个能够改变页面颜色的函数。最后，只要轻轻单击按钮就能运行这个函数。

1 在文本编辑器中打开一个新的网页，输入以下内容。

文本编辑器

```
<script>
  function red(){
    document.body.style.backgroundColor="red";
  }
</script>
```

2 把文档存为change.html，然后双击打开检测一下目前的效果。

3 整理你的桌面，把文本编辑器放在屏幕左侧，浏览器放在右侧。

文本编辑器 – change.html

```
<script>
  function red(){
    document.body.style.backgroundColor="red";
  }
</script>
```

浏览器

刷新

4 编辑文档

加上一个 <html> 标签。

添加一个能够调用 red( ) 函数的按钮。

加上一个 </html> 标签。

文本编辑器 – change.html

```
<html>
<button onclick="red()">Go red</button>
<script>
  function red(){
    document.body.style.backgroundColor="red";
  }
</script>
</html>
```

5 保存好文件，刷新并检测文件的内容。单击"go red"（变红）按钮，就应该能看到页面变成红色了！

更多颜色是否需要更多的函数？

想想看，要是能加上更多按钮，让页面能更改成其他各种各样的颜色，是不是很酷？这样也意味着每种颜色都要分别用到独立的不同的函数。其实也不用那么复杂，我们可以编写一个"更改背景颜色"的通用函数，这个通用函数就叫作"setbg"。就像在第 118 页中，我们将馅料填进三明治的函数里一样，在这里也可以把要更改的颜色填进 setbg( ) 函数。

"调用"（运行）这个函数的写法是：
setbg('red') 或者 setbg('blue')

Go blue   Go green

试着加上更多按钮，让页面能够更改成各种各样的颜色……

记得要仔细地输入一字一句。颜色一词要按美式英语拼写成 color !

① 在文本编辑器中打开一个新的网页，输入以下内容。

文本编辑器

```
<script>
  function setbg(col){
     document.body.style.backgroundColor=col;
  }
</script>
```

② 编辑文档。

加上一个 `<html>` 标签。

添加一个能够调用 setbg() 函数的按钮。

加上一个 `</html>` 标签

文本编辑器

```
<html>
<button onclick="setbg('blue')">Go blue</button>
<script>
  function setbg(col){
     document.body.style.backgroundColor=col;
  }
</script>
</html>
```

③ 把你的文档存为colours.html，然后双击打开检测一下目前的效果。

④ 编辑文档。

在这里插入一个新的按钮，用来调用 setbg( ) 函数。

文本编辑器 – colours.html

```
<html>
<button onclick="setbg('blue')">Go blue</button>
<button onclick="setbg('green')">Go green</button>
<script>
  function setbg(col){
     document.body.style.backgroundColor=col;
  }
</script>
</html>
```

⑤ 保存并测试文件的内容。单击按钮，页面就会改变颜色了。

动物项目

大多数网站都不止拥有一个页面。页面与页面之间都链接在一起，所以人们在浏览网站的时候能够直接转到下一个页面。接下来我们要来制作一个简单的多页网站，内容是关于各种不同的动物的。我们这次只用到HTML。

1 在文本编辑器中打开一个新的网页，输入以下HTML语句。

文本编辑器

```
<html>
  <h1>Animals</h1>
</html>
```

2 新建一个文件夹，命名为Animals（动物）。然后把你的文件命名为index.html，并保存在文件夹里。

3 打开Animals文件夹，然后双击打开index.html文档检测一下。

index.html

4 整理你的桌面，将Animals文件夹、文本编辑器和浏览器排列在一起，以便3个视图框同时可见。

文本编辑器 – index.html

```
<html>
  <h1>Animals</h1>
</html>
```

Files: desktop/Animals

index.html

浏览器
//desktop/Animals/index.html

Animals

在苹果电脑上单击**"文档""保存"**以及**"新文件夹"**，就可以新建文件夹了。

在使用Windows系统的计算机上，在保存箱处单击右键，再依次单击**"新建"→"文件夹"**即可。

5 在文本编辑器中，依次单击**"文档"→"新建"**来打开下一个新页面。输入下图中的HTML语句。

```
<html>
  <h1>Dogs</h1>
</html>
```

将这个文档命名为dogs.html，并保存在 Animals 文件夹里。

Files: desktop/Animals

dogs.html

index.html

现在我们有了两个页面。下一个任务就是把这两个页面链接在一起。如果需要复习一下创建链接的知识，请参考第110~111页内容。

6 编辑index.html文档，添加上dogs.html页面的链接。

7 刷新页面。

在网上搜索图片之前，记得要咨询一下大人的意见。

文本编辑器 – index.html

```
<html>
  <h1>Animals</h1>
  <a href="dogs.html">Dogs</a>
</html>
```

浏览器
//desktop/Animals/index

Animals
Dogs

单击"Dogs"链接

浏览器
//desktop/Animals/dogs.

Dogs

8 重复步骤5，另外创建一个新的文档。将这个文档命名为cats.html，并保存在Animals文件夹里。

```
<html>
  <h1>Cats</h1>
</html>
```

9 在index.html页面中再添加上新的cats.html页面的链接。

输入\<br\>以插入一个换行符，使两个链接之间留有空行。

文本编辑器 – index.html

```
<html>
  <h1>Animals</h1>
  <a href="dogs.html">Dogs</a>
  <br>
  <a href="cats.html">Cats</a>
</html>
```

10 将更多的关于各种动物的资料补充到它们各自的网页上。需要的话可以回顾复习一下本书第112页中关于更改页面和文本颜色的知识。

仔细输入这些文件名称。如果文档是图片的话，名称可能是以.jpg结尾的。

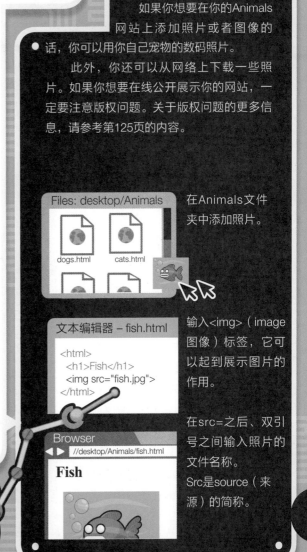

添加照片和图像

如果你想要在你的Animals网站上添加照片或者图像的话，你可以用你自己宠物的数码照片。

此外，你还可以从网络上下载一些照片。如果你想要在线公开展示你的网站，一定要注意版权问题。关于版权问题的更多信息，请参考第125页的内容。

Files: desktop/Animals

dogs.html   cats.html

在Animals文件夹中添加照片。

文本编辑器 – fish.html

```
<html>
  <h1>Fish</h1>
  <img src="fish.jpg">
</html>
```

输入\<img\>（image图像）标签，它可以起到展示图片的作用。

Browser
//desktop/Animals/fish.html

Fish

在src=之后、双引号之间输入照片的文件名称。
Src是source（来源）的简称。

分享你的网站

大功告成之后，你一定想把自己在计算机上创建的网站或者项目分享给别人看吧。这就需要你把网站上传到一个特别的计算机——也就是服务器。服务器可以将网站分享到世界各个角落。不过记得要先征得家长、监护人或老师的同意。

网站制作器

有很多网站设计工具的软件可谓是建立网站的好帮手，而且不需要自己编写 HTML 代码。如果你只是想创建一个兴趣类网站，这些简单易上手的"网站制作器"不失为一个不错的选择，但同时你学不到多少有关代码的知识。在网上搜索"website builders"（网站制作器），就会有各种各样的网站任你挑选，有一些还可以免费使用。注册账号之前要记得征询一下大人的意见。

1 HTML 使用规范

在这本书里，我们用最简洁明了的方式向你介绍了 HTML。如果想要分享网页，就需要从一开始就遵守标准的使用规范。首先要确认所有的页面都是以 <!DOCTYPE html> 开头的。其次，页面标题应该加上 title 标签，举个例子：<title>My webpage</title>。最后不要忘了加上 <body> 标签（详见第 113 页）。资深的程序员会选择将样式信息存在单独的文件里（也就是 CSS 文件），JavaScript 也会分开保存在另外的文件里。在 HTML 内直接使用这些样式信息和 JavaScript 也是可以的（也就是启用"内联"）。

更多关于网络规范的信息，请访问 World Wide Web Consortium（W3C）网站。

2 网站测试

在分享你的网站之前，不妨先在你自己的计算机上做一下网站检测，以确保网站能够正常运行。仔细检查编码的文本内容，不放过任何一个拼写错误或者标点符号的缺漏。请你的朋友在他们的计算机上尝试一下是否可以正常访问你的网站。页面标题和链接安排得合理吗？页面中有没有使用便于读者阅读的颜色呢？

3 网络安全

一旦你把你的网站上传到万维网，所有人都能访问这个网站了。页面上的任何信息或者用到的图片你都要多加斟酌，并且要征得至少一名成年人的同意。请谨记以下守则，并遵守其他所有在学校、家庭中学到的关于网络安全的守则：

- 切勿泄露个人隐私信息——例如你的真实姓名、地址或邮箱地址。
- 不要发布你或你家人的照片。
- 切勿在网站上对他人出言不逊。

4 版权

一定要记得事先征得图片使用许可再把图片上传到你的网站上。如果你是从其他网站上下载的照片，要确认照片可以免费使用或者具有公共创新权限，这样的照片才能用来分享。总之要记得标明照片的拍摄者。如果你把你自己的绘画作品扫描到计算机里作为扫描件上传到网站，是可以使用的。

5 网站空间

现在你需要把你的网址复制到一台特殊的计算机——也就是服务器上。服务器会将网站存储下来，存放的位置就叫作网站空间。互联网或宽带接入服务会为你提供一些免费的网站空间。上网搜索"网站空间"或者"虚拟主机"，你就能找到免费的网站空间或者付费的网站托管服务。特定的网站地址需要的费用应该会更高。不管你用哪种方式，不要忘了和一名成年人一起确认一下。

6 上传

你需要用到一个叫 FTP 的软件才能上传你的网站。FTP 是 File Transfer Protocol 的简称，也就是文件传输协议。它能够将项目文件夹中的 HTML 文件从你的计算机里传输到服务器去。你可以在 FileZilla 的官网中下载一个叫 FileZilla 的免费 FTP 软件。更多信息详见第 129 页。你需要输入由你的虚拟主机提供的登录信息和密码。

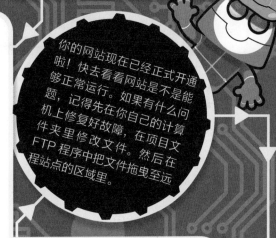

你的网站现在已经正式开通啦！快去看看网站是不是能够正常运行。如果有什么问题，记得先在你自己的计算机上修复好故障，在项目文件夹里修改文件。然后在 FTP 程序中把文件拖曳至远程站点的区域里。

把文件从本地文件夹拖曳到右边的远程文件夹中。

FTP

Local site: desktop/Animals　　Remote site: public/www

- cats.html
- dogs.html
- fish.html
- index.html
- fish.jpg

index.html
index.html
index.html
index.html

在 FTP 程序左边的框里浏览一下你的项目文件夹。

要先征得一名成年人的许可才可以上传网站哦。

调试

写代码是一个不断试验和纠错的过程——不断验证每一个想法，不断地检验成果。写代码的过程中，出错总是难免的。Bug（漏洞）就是代码中错误的别名，它会阻碍一段代码的正常运行。Debugging（调试）的意思就是解决故障。请你不妨试着做一下以下这些练习，做完请翻到第 128 页对答案。

调试小贴士

如果你的代码没有如预期中一样正常运行：

1. 检查所需要的标签、分号、括号、引号是否齐全以及是否对称完整。

2. 仔细地查阅一遍代码内容，同时思考一下每个指令和标签的作用。

3. 可以画一张图或图表。

4. 休息几分钟再来试试吧！

1

这个 HTML 页面本应该将每种水果都显示为单独的一行。

文本编辑器 – fruit.html

```html
<html>
  <p>Apple</p>
  Banana
  Cranberry
  Date
</html>
```

但它并没有。

浏览器
///desktop/fruit.html

Apple
Banana Cranberry Date

请对这个问题进行调试！

2

单击这个链接就应该自动链接到百度。不过以下几个版本：A、B、C 和 D 中，哪个是没有 bug 的呢？为什么？请对这个问题进行调试！

A
```html
<html>
  <p>Click on a link:</p>
  <a href='http://www.baidu.com'>Baidu</a>
</html>
```

B
```html
<html>
  <p>Click on a link:</p>
  <a href='Baidu'>http://www.baidu.com</a>
</html>
```

C
```html
<html>
  <p>Click on a link:</p>
  <a href='http://www.baidu.com>Baidu</a>
</html>
```

D
```html
<html>
  <p>Click on a link:</p>
  <a href='http://www.baidu.com'></a>Baidu
</html>
```

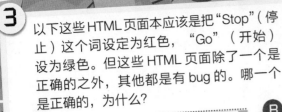

3 以下这些 HTML 页面本应该是把"Stop"（停止）这个词设定为红色，"Go"（开始）设为绿色。但这些 HTML 页面除了一个是正确的之外，其他都是有 bug 的。哪一个是正确的，为什么？

A
```
<html>
    <p style='color:red'>Stop</p>
    <p style='color:green>Go</p>
</html>
```

B
```
<html>
    <p style='color=red'>Stop</p>
    <p style='color=green'>Go</p>
</html>
```

C
```
<html>
    <p style='color:red'>Stop</p>
    <p style='color:green'>Go</p>
</html>
```

D
```
<html>
    <p color='red'>Stop</p>
    <p color='green'>Go</p>
</html>
```

4 这个 JavaScript 本来应该从 1 一直数到 10。

但它并没有。

文本编辑器 – counting.html
```
<script>
 for(var n=1; n<10; n++)
  document.writeln(n);
</script>
```

浏览器
//desktop/counting.html

1 2 3 4 5 6 7 8 9

调试它。

编程指南

1 仔细规划好你的程序，可以用图表或笔记加以辅助。

2 作为编程初学者，写大量的小而简单的程序，会比写一个大型而复杂的程序更可取。

3 创建程序的时候别忘了再检测一下文本，不然等到你写完所有的指令就来不及啦。

5 这个 JavaScript 本来应该从 30 一直数到 50。

但它并没有。

文本编辑器 – numbers.html
```
<script>
 for(var n=30; n<50; n++)
  document.writeln(30);
</script>
```

浏览器
//desktop/numbers.html

30 30 30 30 30 30 30 30 30 30 30
30 30 30 30 30 30 30 30 30

请对这个问题进行调试！

参考答案

第 107 页

1
浏览器
//desktop/headings

Cyber Cafe
Open every day

2
浏览器
//desktop/headings

Code School
Smith Street
Learn to code

3
浏览器
//desktop/headings

Huge
Medium
Tiny

4
浏览器
//desktop/headings

London
England
Paris
France

第 113 页

1
浏览器
//desktop/styles.html

Tim Berners-Lee
Ada Lovelace
Alan Turing

2
浏览器
//desktop/styles.html

Nelson Mandela
Mahatma Gandhi
Rosa Parks

第 116 ～ 117 页

1 90 **2** 55 **3** 10 11 12 13 14 15 16 17 18 19

4 20 21 22 23 ... 35 36 37 38 39 **5** 9 8 7 6 5 4 3 2 1

6 20 19 18 17 16 15 14 13 12 11 10 9 8 7 6 5 4 3 2 1

7
文本编辑器 – numbers.html

```
<script>
  for(var n=1; n<101; n++)
    document.writeln(n);
</script>
```

8
文本编辑器 – numbers.html

```
<script>
  for(var n=1; n<1001; n++)
    document.writeln(n);
</script>
```

第 126 ～ 127 页

1 Banana、Cranberry和Date两边漏写了<p>和</p>标签

2
Ⓐ 正确
Ⓑ URL链接和"Baidu"的位置放反了
Ⓒ URL链接后面漏了一个引号
Ⓓ </a>应该放在Baidu后面

3
Ⓐ green后面漏了一个引号
Ⓑ 'color=red'应该改为'color:red'
Ⓒ 正确
Ⓓ color='red'应该改为style='color:red'

4 n < 10应该改为n<11或n <=10

5 n < 50应该改为n < =50或n<51

document.writeln(30);应该改为document.writeln(n);

128

资源汇总

HTML 和 JavaScript 适用的文本编辑器

在你开始写代码之前，你需要选一个合适好用的文本编辑器。很多计算机都是自带文本编辑器的。在一台使用 Windows 操作系统的计算机上，你能找到 Notepad。在苹果电脑上，你能找到 TextEdit。这些均可用于基础 HTML 语句编写。

专业的 HTML 编辑器

如果你想要提高自己的编码水平，你会发现专业的 HTML 编辑器用起来会方便许多。专为 HTML 编写而设计的文本编辑器可以改变代码文本的显示颜色，以便查阅；还可以检查标签的拼写。Sublime Text 是一款非常实用的文本编辑器，这个软件的官网也提供免费下载和试用。

FTP 程序（即文件传输协议）

要创建一个公共网站，上传 HTML 文件（超文本标记语言），必要步骤之一就是通过一个 FTP 程序来传输文件。FileZilla 官网提供 FileZilla 软件的免费试用服务。

下载要记得选择"Client"（客户端）模式，而不是"Server"（服务器）模式。

FileZilla 下载完毕后，第一次启动时需要自己设置。依次单击"文件"→"站点管理器"，你会看到各项详细的信息，包括用户姓名、密码以及网站地址。这些信息是由你的网络主机提供的。

在苹果电脑上：TextEdit 的使用

打开 TextEdit，首先单击"TextEdit"菜单，再单击"Preferences"（偏好设置）。

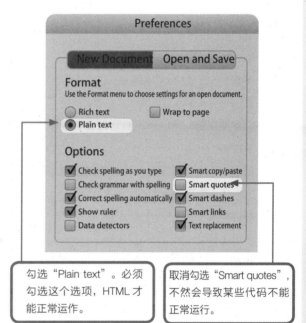

勾选"Plain text"。必须勾选这个选项，HTML 才能正常运作。

取消勾选"Smart quotes"，不然会导致某些代码不能正常运行。

本书其他部分内容

第 1 部分

基础代码原理的入门指南。以LOGO和Scratch软件的运用作为教学实践，比如学会让乌龟和角色在屏幕上移动！

第 2 部分

进一步学习代码基础原理，初步涉及循环与重复的知识。在这本书里可以学习到如何在Scratch软件中用代码写出一个迷宫游戏的程序，以及如何在游戏中添加音效！

第 3 部分

学会用"if"语句来进行条件筛选，让你的代码能力更上一层楼。学会用Python软件来写一个简单的测试程序的编码或者为一个机器人做一个三明治吧！

给家长和老师的指导手册

为家长和教师准备的手册，涵盖了全书所有主题内容的背景材料，并且配有详尽的解释说明。

词汇表

属性： 关于一个对象或一段文本的附加信息，比如文本的样式、字体、宽度或高度。

浏览器： 用来浏览网站和超文本链接的程序。大众常用的浏览器包括谷歌浏览器、火狐浏览器、IE 微软浏览器以及 Safari 浏览器。

调试： 解决计算机程序中问题的过程。

域： 指互联网的一部分，由相互之间有一定联系的计算机和网站组成。

下载： 在互联网上将数据从一个计算机系统复制并输入另一个计算机系统。

文本编辑器： 可以用于编写和编辑程序的应用软件。

邮箱： 计算机之间通过网络相互发送信息、进行交流的一套互联网系统。

事件： 当一段程序运行时所执行的操作。例如按下键盘按键、启动某个程序等。

函数： 一段有先后次序的指令，用于执行特定的任务。比如你需要画一个正方形，只要运行或者"调用"相应的函数就能实现。

超文本标记语言： 用于定义、描述网页上的对象或元素的一种标记语言。

超文本传输协议： 用于在互联网上传输 HTML 页面的传输协议。

超链接： 通过鼠标单击或者触屏单击网页中的超链接即可跳转并连接到另一个网页。

缩进： 使用 Tab 键或空格键，把一行编码向内部收缩移动，在代码左端空出一部分长度。

输入： 一种对程序发送指令的操作（比如按下一个按键），用来指示程序的工作。

互联网： 由互相通信的计算机连接而成的全球网络。

JavaScript： 是一种互动性很强的编程语言，在网页中使用。

编程语言： 适用于编写程序的一套规范的词语、数字、符号和语法规则的系统。

监听器： 指当特定事件发生时（如单击一个按钮），才会运行的一行代码或函数。

网络： 通过通信线路将多个计算机连接起来的计算机集合。现今的网络通常是无线连接。

在线： 即与互联网连接。

协议： 一套完整的规则和约定。

服务器： 可存储和传送网络页面的一台计算机或者一组计算机。

标签： 用于描述网页上的内容或对象的特定词汇。标签两边需要加上尖角括号 < >。

上传： 将文件从本地计算机传送到另外的计算机。传送对象常常是相对更大型的或远程的计算机。

统一资源定位符： 网站或 HTML 页面的地址或定位。通常在浏览器的顶部窗口就可以找到 URL。

网页： 一个由各种信息元素构成的页面，包含 HTML 标签，并且与万维网链接。

无线： 无须通过网线即可连接沟通，一般来说指的是无线电或无线电波。

万维网： 一个包含 HTML 文件的全球范围的网络。通过互联网可访问万维网。

爱上编程
CODING

HOW TO CODE

A STEP-BY-STEP GUIDE
TO COMPUTER CODING

[英]马克斯·韦恩赖特
(Max Wainewright) 著

网易有道卡搭工作室 译

Scratch Python HTML JavaScript

编程超有趣

（给家长和老师的指导手册）

人民邮电出版社

北京

网络安全

孩子们在使用互联网时应受到监督，特别是在第一次使用不熟悉的网站的时候。

孩子们可以在不联网的情况下学习HTML和JavaScript。在将任何内容上传到网络之前，请阅读第41页的网络安全建议。

出版商和作者不对本书中提到的网站内容负责。

下载我们的机器人在Scratch上用作角色！进入http://www.qed-publishing.co.uk/extra-resources.php或扫描以下二维码：

目录

Enter ↵

简介

本指导手册可供父母、老师或其他帮助孩子学习代码知识的成年人使用。

如何使用指导手册

详细指南

当孩子们在使用本书的第1~4部分学习编程时，您可以使用本指南来跟踪他们的学习情况。您将找到核心概念的解释。某些概念可能难以理解，本指南会提供更多帮助来解释它们。本指南还列出了孩子可能遇到的常见困难以及克服困难的方法。当孩子们发现要点能够轻松掌握时，就可以尝试进一步练习部分的挑战。

扩展项目

对于第1~4部分中的每一部分，您都会发现许多有趣的扩展项目，这些项目将强化孩子们学到的核心概念，并让他们更深入地学习编程。

技术指南

5种编程语言的技术指南：LOGO、Scratch、Python、HTML（超文本标记语言）和JavaScript。在这里可以找到获取、使用编程语言和排除这些编程语言故障所需的所有信息。

附录

语言比较部分将帮助您了解本系列中涵盖的编程语言之间的差异和相似之处。进展情况会让孩子们了解他们自己的进步，并确定他们接下来要学什么。您还可以找到词汇表以及本书中设置的所有挑战的答案。

学习如何写代码

本书涵盖了许多核心概念，例如循环、变量和选择。随着孩子们持续地学习，这些概念将会变得越来越复杂。本书的每一部分都将使用两种编程语言来帮助孩子们更深入地思考这些核心概念。

孩子们的学习速度是不同的。在编程中，有些孩子会为某些部分而烦恼，但其他部分对他们来说可能很容易。让孩子们以一定的速度进步很重要，这让他们有时间探索知识并真正地将知识嵌入他们的学习过程中。

尽管孩子们喜欢在计算机或平板电脑上花费时间，但是我们不建议他们这样做！定时休息下并做其他事情很重要。虽然编程这个技能在未来非常重要，而且许多核心概念需要从计算机中学习和加强。但通过玩建筑玩具和创造性游戏，同样可以很好地提升解决问题和分解问题的能力。即使你自己不是编程的专家，也可以让孩子们向你解释他们是如何编程的——你也可以自己去做试试。最重要的是，让孩子们探索并享受编程的乐趣。

第1部分

第1部分向孩子们介绍了一个基本原则，即我们需要告诉计算机该做什么，之后计算机才会按照命令去做。孩子们需要知道**命令**应该清晰准确，并按照正确的顺序给出，计算机才能按照人类的意愿行事。书中提供了许多例子来帮助理解这些想法，一开始我们不需要使用计算机。

然后我们将会介绍两种计算机语言。第一种是LOGO，它引导孩子们输入简单的命令并得到即时结果。当他们输入命令时，屏幕上的乌龟将会移动并绘制图形，来鼓励他们进行实验。第二种是Scratch，它将这些想法进一步发展，并向孩子们介绍**输入**。孩子们将学习编写一个使用输入的简单游戏：按下按钮将会使Scratch角色沿屏幕移动。

第2部分

第2部分首先解释了编程的核心概念之一——**循环**和重复。书中使用了LOGO和Scratch语言，向孩子们介绍如何使用循环绘制简单的形状，然后将它们构建成有趣的图案。他们将学到如何给循环附加条件，即循环到特定事件的发生——如一个角色在游戏中捕获另一个角色。

通过使用**声音**来探索除了屏幕以外的输出。孩子们将学习如何编写一个简单的钢琴或合成器程序。接下来，**变量**用于向孩子们展示程序如何存储和更改数据，如游戏中的得分。孩子们将在Scratch中建立自己的游戏和活动来练习这些技能。

第3部分

第3部分探讨了选择的概念，将使用Scratch来构建测验。孩子们通过将选择与变量相结合来进一步发展该想法，以便为他们的测验加分。他们还将创建一个游戏，游戏中他们的角色通过"吃"苹果来得分。

第3部分使用Python语言将这些概念引入专业的编程环境。孩子们将学习如何使用特殊的文本编辑器来输入命令，并在Python中创建自己的程序。他们将了解如何使用**编程库**产生随机数并生成**图形**。

第4部分

第4部分介绍了**万维网**及其工作原理，包括URL（**统一资源定位器**）和**超链接**。孩子们将学习使用**HTML**（**超文本标记语言**）和文本编辑器来创建网页。他们将了解如何使用**标签**向页面添加不同的对象或元素，以及如何将页面链接在一起。

第4部分向孩子们展示如何将**JavaScript**代码添加到页面。虽然HTML是用于编写网页内容的语言，但JavaScript也具有编写网页的功能。孩子们将学习如何使用JavaScript处理循环以及创建自己的**函数**。他们将探索怎样使网页包含图像和按钮，以及如何将代码链接到它们。

第1部分

第8~9页
下达指令

第10~11页
步步为营

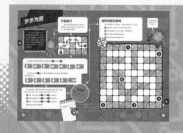

目标

了解计算机需要收到清楚而准确的指令才能使事件发生，是成为优秀程序员的第一步。"下达指令"提供了许多活动，帮助孩子在开始在计算机上工作之前学习这个概念。通过顺序执行"成为机器人"，孩子们将会明白，在开始编程之前，必须清楚地知道想要程序做什么。

核心概念：精确度和顺序

我们需要确保孩子们准确地理解命令。在计算机程序中直接说"移动"是不对的——我们需要告诉计算机移动的对象和方向。

接下来我们要做的是，确保我们给程序的任何命令都按正确的顺序排列。通过打乱指令的顺序并查看发生的情况，我们可以很容易地证明这一点。

目标

在"步步为营"中，孩子们将学习词汇"算法"。算法被解释为程序为解决问题所需要采取的步骤。在游戏中，孩子们将学到一系列步骤，这些步骤可以将物体从一个地方移动到另一个地方。这是一个基础的算法。

进一步练习

随着孩子们在编程上拥有越来越多的经验，他们对"算法"的定义需要变得更加复杂。一旦他们理解了简单的编程，他们的代码可能会向不同的方向发展，或者能够响应不同的输入。此时，他们就不仅仅使用简单的命令序列了，因此将算法视为解决问题或使游戏工作的一组规则可能更有帮助。随着他们的进一步学习，他们将开始创建具有许多不同算法的程序。

更多帮助

将指令分别写在不同卡片上的方法非常有效，你和你的孩子可以重新排列它们的顺序。

直走	捡起
停下来	向下
	扔掉
向右转	向上
向左转	右
	左

第12~13页
编码信息

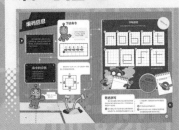

目标

在这里，孩子们将了解到我们给计算机的指令需要包含更多信息，也要更加准确。我们不是仅仅告诉机器人向上移动，而是使用像U5这样的指令向上移动5个方格。这个想法可以进一步发展为创建简单的程序，如**U4 R4 D4 L4**，可用于绘制正方形。

进一步练习

在第1部分第13页的"姓名拼写"游戏中，孩子们会编写程序来拼出他们的名字或姓名首字母。如果孩子们想要进一步开发游戏，请让他们想一些新的命令来改变笔迹的颜色。他们可能选择使用PR来表示"笔-红色"或PY表示"笔-黄色"。使用这些新命令可以得到更长的程序甚至整个单词。

例如，以下程序将写出"elsa"：

PR (红笔) R3 U2 L3 D3 R4

PB (蓝笔) U5 D5 R1

PG (绿笔) R3 U2 L3 U1 R3

PO (橙笔) R4 D3 L3 U2 R3

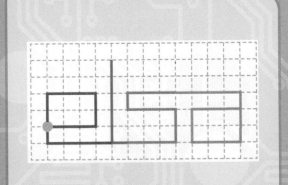

第14~15页
天旋地转

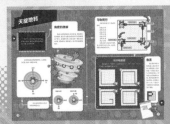

目标

要在地板上移动机器人或者在屏幕上移动乌龟，我们需要使用命令将其向前移动一定量，或者将其旋转几度。此页说明了如何使用度来衡量事物的旋转程度。为了简单起见，目前我们只使用相当于90度的"四分之一转"。

更多帮助

当我们需要解释计算机屏幕上有多大的东西时，我们通常以像素为单位进行度量。计算机屏幕上的每个点都是一个像素（"图像元素"的缩写）。如果孩子们不能理解什么是像素，你可以使用高倍放大镜来查看计算机屏幕，或者放大低质量的数码照片。当您持续放大时，图像将变得模糊或变成"块状"，在这种情况下，像素块将变得清晰可见。

进一步练习

玩"机器人"游戏。这次不使用方格纸，而是带孩子在铺路石或操场上和伙伴一起玩。让一个孩子给出指令，另一个孩子扮作机器人来执行指令。机器人伙伴在执行指令时可以使用粉笔在地面上绘图。

第16~17页
学习LOGO

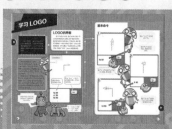

第18~19页
LOGO绘形

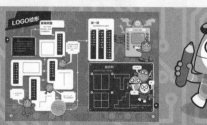

目标

在这里，孩子们将学习一门简单编程语言的基础知识：LOGO。他们将完成他们的第一个基础代码。孩子们将开始使用3个基本命令来控制屏幕上的乌龟（箭头）：向前移动、向左转、向右转。有关使用LOGO的技术指南，请查阅本书的第50页。

常见困难

有些孩子发现很难确定乌龟是否向左或向右转动了，特别是当乌龟朝下时。帮助他们的一个好方法是制作一个小纸龟，孩子们可以让纸龟转到与屏幕上的乌龟相同的方向。

目标

现在孩子们已经学会了使用LOGO在屏幕上移动乌龟，他们将继续学习编写更有目的性的程序来绘制特定的形状。

进一步练习

如果孩子们准备好将他们的LOGO编程能力提升到一个新的水平，请让他们完成以下内容。

1. 设计一个简单的图案并使用LOGO绘制它。写下代码并与伙伴们分享，以便他们也可以绘制这个图案。

2. 为年幼的孩子制作一张海报，解释如何使用LOGO。

3. 使用LOGO命令与伙伴一起玩"机器人"。给伙伴指令让其在操场上移动，同时用粉笔绘制形状。

4. 使用LOGO命令绘制名字中的一些字母。记下使用的命令。确保绘制过程中只使用水平和垂直线。

例如，以下程序将写出"A"。

```
fd 100 rt 90 fd 50 rt 90
fd 50 rt 90 fd 50 rt 180
fd 50 rt 90 fd 50
```

第20~21页
初学Scratch

TRY IT OUT

第22~23页
画笔工具

目标

在这里，孩子们将学习Scratch编程语言的基础知识。在学习LOGO之后，学习Scratch是一个很好的选择。它使孩子们能够掌握更复杂的编程思想，但它使用起来仍然非常简单。有关使用Scratch的技术指南，请查阅本书的第52页。

> ### 更多帮助
>
> 在孩子们开始使用Scratch编程之前，你可以向他们展示它是如何工作的。首先向他们展示不同的积木分组（如"事件"和"运动"积木分组）。接下来演示如何将积木拖动到代码区域并将它们连接起来制作小程序。通过单击它们向孩子们展示如何运行每个积木。向他们展示通过将积木拖出代码区域，可以从程序中删除积木，以及通过向下拖动来分隔不同积木。

进一步练习

如果孩子们准备好去尝试更多，请让他们完成以下内容。

1. 将角色拖动到屏幕左侧。单击"运动"分组中的"移动10步"，使其一直向右移动。你需要单击它多少次？请查看本书第62页上的答案。

2. 更改每次单击时角色移动的步数。为了在5次单击后横穿屏幕，计算应将步数更改为多少？计算通过2次单击，使它横穿屏幕的步数是多少？您认为它横穿整个屏幕需要多少步？请查看本书第62页的答案。

目标

在画笔工具中，孩子们将学会使用Scratch绘制各种形状和图案。孩子们可以使用"画笔"分组中的"抬笔"和"落笔"命令。在经过一段时间的实验之后，鼓励孩子们在开始编程之前规划将要创建的程序。

进一步练习

让孩子们参加这些练习。

1. 编写简单的程序来绘制数字1、2和3。有几种不同的方法来绘制这些数字。有关的解决方案，请查阅本书第62页。

2. 将程序拖到一起制作一个写出1、2和3的较长程序。

3. 和伙伴一起工作。仅使用水平和垂直线，在一张纸上画出一个简单的形状。如果可以，请使用方格纸。向你的伙伴发起挑战，让他们使用Scratch绘制相同的图案。

第1部分

第24~25页
按键功能

第26~27页
输入与方向

目标

"按键功能"将解释两个核心概念：输入和事件。孩子们将了解到，如果想要创建游戏和更复杂的程序，输入和事件是至关重要的。孩子们也将开始思考编程的含义。最基础的编程是执行单个命令序列。但是，当我们开始使用输入和事件时，程序将通过执行不同的命令序列来响应。

核心概念：输入和事件

输入是一个操作——例如按键——这将告诉计算机做某事。我们将了解到，每次运行程序时，代码不会以相同的方式工作，当出现不同的输入时，将执行程序的不同部分。在第1部分第22~23页的示例中，按"R"将运行使角色向右移动的Scratch代码。按"L"将运行不同的代码，这部分代码将使角色向左移动。

程序员调用输入操作，例如按键、事件。其他事件可能是用鼠标单击对象或积木启动。

在这一点上，应该重新审视什么是算法——从我们对它的原始定义（解决问题的步骤）开始，即（参见第1部分第10~11页），它更像是用于描述游戏或程序如何工作的"规则集"。

目标

孩子们将学会通过按不同的键使Scratch角色向不同的方向移动。这些练习是前几页"按钮功能"的扩展。孩子们需要对度有基本的了解（见第1部分第14~15页）。

更多帮助

为了进行这些练习，孩子们需要使用"面向……方向"积木，该积木以度为单位给出方向。为了简单起见，我们将只使用0°、90°、180°、270°和360°。"面向……方向"积木还提供了一个下拉菜单，其可以提供提示，例如"90°"（右）。Scratch使用-90°指左——相应的在下拉菜单中有一个指左的提示。

进一步练习

如果孩子们想要更进一步，就让他们写出许多简短的程序（答案见本书第62页）：

1 制作一个简单的程序，使用上下左右键取代"U""D""L""R"来控制角色上下左右移动。

2 制作一个程序，当按下"B"时，角色移动很大的一段距离，当按下"S"时，角色移动很小的一段距离。

3 制作一个程序，在按下空格键时对角移动角色。

目标

孩子们将使用Scratch创建自己的绘图游戏。这部分为了孩子们提供了大量的机会来练习使用输入并提供广阔的空间让孩子进一步思考。一旦孩子们的绘图程序基础版本能够工作,你就可以与他们谈论计算机如何使用数字来表示颜色。

进一步练习

孩子们可以尝试在游戏中添加这些额外功能。

1. 从"事件"积木分组中添加"按键"块,从"画笔"积木分组中添加"全部擦除"积木,以便艺术家可以通过按键来清除屏幕内容。

2. 添加组块,以便艺术家可以在按下"U"时抬起笔。

3. 添加组块,以便艺术家可以在按下"P"时再次开始绘制。

4. 添加更多组块(使用"事件"和"运动"积木分组),以便艺术家可以进行对角绘制。

5. 尝试设置笔的颜色(使用Pen组)并将您的发现记录在表格中。将颜色名称写在一列,将设置笔颜色的值写在下一列。

请查看本书第62页的答案。

目标

孩子们将学习"调试"的含义并练习改正LOGO和Scratch代码中的一些简单错误。调试是开发的基本技能。然而,为了防患于未然,这部分还提供了有关规划和测试短程序的指南。

更多帮助

在教孩子们如何调试时,建模和演示过程非常有用。例如,创建一个在Scratch中移动角色的简单程序。更改它的一小部分,使其不能工作或让角色向错误的方向移动。询问孩子他们是否可以解决问题。如果你正在教一群孩子,请让调试成功者解释他们如何改正代码,以便他们可以为其他人建模此方法。

常见困难

在角色上下移动的过程中,如何判断左右是现阶段编程过程中的常见混淆。为了改善这一情况,用一张小纸片制作一个简单的角色或三角形(参见本书第8页)。

小贴士

相比于调试孩子们无法解决的代码,有时重新开始对于他们来说更容易。让他们仔细规划或解释他们希望代码做什么,并逐步重建和测试代码。确保他们的规划符合实际。从简单的游戏或程序开始,然后逐渐提升。

第1部分

绘制Scratch图形

随着孩子们的编程技能变得更熟练，他们将喜欢创建自己的图形以用于他们的程序。这将激发他们的创造力并释放他们的想象力。以下是在Scratch中创建图形的指南。

学习关键技术

虽然我们可以用类似于纸上绘图的方式在计算机上绘制图像，但这两者之间也存在一些重要的差异。了解这些差异将有助于您创建更好的图像，以便在您的程序中使用。您可以使用Scratch中的精灵编辑器练习此面上的技巧。如果您使用的是Windows计算机，也可以使用MicrosoftPaint等程序，或者使用更复杂的软件包（如Adobe Photoshop）。您创建的任何图像都可以保存并在代码中使用。

移动事物

在一张纸上，如果我们在错误的地方画一些东西，我们必须把它擦掉然后重新画一遍。但在计算机上，我们可以将它整个移动到正确的位置。如果您刚刚绘制了一个形状，可能会显示手柄来移动或调整它的大小。如果没有，请使用"选择"工具选择刚刚绘制的圆形部分并将其拖曳到您需要的位置。

或使用"选择"工具。

撤销

当我们用铅笔画错时，我们可以使用橡皮擦除出错的地方。虽然在大多数绘画程序中都有橡皮，但更好的选择是在发生错误后立即单击"撤销"按钮（或"编辑"→"撤销"）。"撤销"将取消你做的最后一件事。

用形状构建图像

使用"直线"，"椭圆"和"矩形"工具

虽然您可以使用画笔绘制任何内容，但从一系列形状来构建数字图片会更容易。这样做的话，得到的线条更直，曲线更平滑。尝试使用圆工具绘制轮子、眼睛、头部、身体、花朵和火箭等细节！也可以尝试使用矩形工具来绘制汽车、建筑物、墙壁、道路、牙齿、机器人和树木。

100%

放大和缩小

很难使用鼠标准确地绘制事物。如果你试图让事物排成一行或者在正确的地方找到一些东西，一个比较容易的方法是将事物进行放大。完成某项操作后，再缩小以获取整个图像的视图。

削减形状

Use the Select tool.

使用"选择"工具。

如果你找不到或不能画出你需要的形状，那就削减另一个。例如，使用椭圆工具绘制一个椭圆，然后使用"选择"工具选择其顶部。将它拖出屏幕，你就能得到一个笑脸！

绘制一个火箭

使用本书第12页中展示的技术,创建一个火箭作为Scratch程序中的角色,例如下面几页的太空游戏。

1 在Scratch中,首先单击"绘制新的精灵"。

2 选择圆工具。

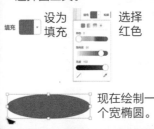

现在绘制一个宽椭圆。

3 使用"橡皮擦"工具将不需要的部分擦掉。

4 放大图像。选择较暗的颜色,使用"线段"工具绘制一个尖头。

5 使用"填充"工具在火箭尖端着色,然后缩小。

6 绘制另一个椭圆,然后用"变形"工具改变形状。

7 使用"选择"工具选中图形,使用"复制""粘贴"后,将新图形旋转180度。

8 使用"选择"工具,将两个图形拖放到合适位置,用"橡皮擦"工具修饰图形。

9 使用椭圆、矩形和线条工具装饰你的火箭。

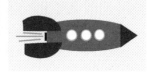

你的图片将以像素的形式存储。

练习这些技巧来制作自己精彩的角色,并在你自己的程序中使用它们。

第1部分

太空游戏

此活动将向孩子们展示，他们如何创建包含他们自己图形的游戏。它建立在第一册中学到的所有Scratch技能之上。这个太空游戏中使用了绘制的火箭和背景图像。当按下键盘时，火箭将会飞行。某个键会让火箭直飞，另外2个键会让火箭左转或右转。一旦孩子们建立了这个游戏，鼓励他们自己设计一个简单的游戏，创建图形并编程！

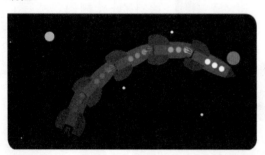

1 启动Scratch。通过右键单击角色1，然后选择"删除"来删除它。（在苹果电脑上，单击角色时需要按住"Control"键。）

2 现在绘制自己的火箭角色，就像本书第13页上的角色一样。

用右键单击表示单击鼠标右侧的按键。

3 现在我们需要添加一些代码来使火箭向前移动，并向左或向右转。

单击火箭精灵。

然后单击"代码"选项卡。

从"事件"积木分组中拖出3个"当按下……键"积木。

从运动组中拖出"移动……"和"左转/右转"积木。

选择用于使火箭向前移动以及向左或向右转动的按键。

空格键

4

现在为游戏绘制你自己的背景图片。

首先，单击"舞台"。

然后单击"背景"选项卡。

单击"**填充**"工具，然后选择黑色。

现在单击背景为其着色。

使用"**画笔**"工具绘制一些星星。

更改画笔"线条宽度"的参数，改变画出来的星星的大小。

使用"圆"工具绘制一些行星。按住"**Shift**"键可以绘制正圆。

单击此按钮可使您的程序与屏幕一样大！

保存您的代码

要保存你的工作，请单击"**文件**"菜单（屏幕左上角），然后单击"**保存到电脑**"。

为了让你能在其他时间继续此项工作，首先你需要在浏览器上打开Scratch。然后单击"**文件**"菜单并选择"**从电脑中上传**"。

第40~41页
循环

第42~43页
通过循环绘制图案

目标

循环在任何编程语言中都是核心概念之一,它使计算机一遍又一遍地重复执行某项指令。在这些练习中,孩子们将学会使用LOGO来编写绘制形状的简单循环。

核心概念: 循环

在使用计算机前,与孩子们谈谈我们如何在日常生活中使用循环,并让他们举出一些例子。比如,我们每周步行上学(重复5次)或每天穿上一双鞋子(重复2次)。并解释为什么使用重复循环是一种使指令更有效的方法。每次都告诉千足虫穿上一双鞋和使用重复循环,两种方法中哪一种更加简便? 让孩子们写下一些类似于下面这样的指令。

告诉一个有300条腿的千足虫穿鞋:

重复300次[穿鞋]

每天告诉学生步行上学:

重复5次[步行到学校]

目标

这些练习将让孩子们对循环的理解提升到一个新的水平。我们将探索如何在一个循环中运行另一个循环。我们将使用这个概念在LOGO中创建一个图案。

核心概念: 在一个循环内循环

这可能是一个难以向孩子们解释的概念,因此在使用计算机之前用有趣的类比向孩子们解释清楚会很有帮助。想象一下,千足虫一家有4个成员,每个成员都是具有300条腿的千足虫,它们正准备穿上鞋子。让我们在循环中使用循环,写下一些命令来帮助它们。

重复4次[重复300次[穿鞋]]

提醒孩子他们需要在重复的命令周围放置方括号。由于有两个循环,需要有两个左括号和两个右括号。

进一步练习

使用LOGO,让孩子们输入以下代码:

repeat 20 [repeat 4 [fd 100 rt 90] rt 5]

代码不会绘制完整的图案。在第一个重复处尝试使用不同的值以完成图案。参考答案在本书第62页。

更多帮助

如果孩子们在进行“编写简单循环”练习时无法想象形状,请让他们大声读出命令。他们甚至可以带着一支粉笔和一个伙伴到外面去。可以让一个孩子大声朗读命令而另一个孩子扮作“机器人”——在遵守重复命令的同时在地上画画。另请注意,在编写LOGO循环时,孩子们可能忘记键入两个括号,或者他们可能键入大括号而不是方括号。

第44~45页
Scratch中的循环

目标

孩子们将学习如何在Scratch中创建循环。Scratch的工作原理有些像LOGO，我们能轻而易举地用到已经学会的东西。使用另一种编程语言去创建循环能帮助孩子们更好地理解循环概念。与孩子们一起讨论用这2种编程语言创建简单循环的相同点和不同点。

进一步练习

1 让孩子们看看这个编程，猜猜看接下来计算机会画出什么?（八边形）

2 问问孩子们应该怎样修改编程才能画出十二边形。

大部分孩子都能想出画出十二边形的办法，他们只需要把循环的数字改成12就行了。但是，大部分孩子不知道应该旋转多少度，让他们用更大或者更小的参数试试看。

正确的转动角度是30度。这是因为我们需要旋转360度才能得到我们想要的图形，而我们需要旋转12次，所以360度除以12次等于每次旋转30度。

第46~47页
无限循环

目标

我们已经学会了一定时间范围内的循环，现在我们要学习无限循环或是直到程序停止才停止的循环。Scratch中用"无限"循环来编程一条游泳的鱼。孩子们可以讨论为什么大部分游戏都需要一个"主循环"来让程序无限运行。主循环能做很多事情，比如它可以让物体或者角色在屏幕上移动。

进一步练习

如果孩子们已准备好学习更多关于无限循环的知识，那么他们可以进行下面的练习。

1 我们的游泳小鱼如果不使用无限循环，而是使用"重复100次"的循环，将会发生什么呢？让大家讨论一下。

2 用Scratch无限循环制作另外一个游戏：让飞机满屏幕飞行。

3 设计一款游戏，让物体跟着鼠标移动。尽情发挥你的想象力吧!

第2部分

第48~49页
重复执行直到……

第50~51页
重复执行直到被抓住

目标

孩子们将会学习Scratch中的"重复执行直到……"积木。大多数使用循环的游戏会在某个时间点停止运行,比如汽车撞到墙上时就会停止。

核心概念: 重复执行直到……

在编程前,孩子们应该认真思考一个概念: 重复执行一个任务直到某件事情发生为止。例如:

重复执行(吃豆子)直到豆子全部被吃光
重复执行(往杯子里倒水)直到水杯装满水

目标

使用Scratch语言,孩子们可以用**"重复执行直到……"**积木来设计出一款追逐游戏。在此程序中,孩子们将会学到编码第二个角色,当两个角色碰到一起时循环才会停止。

常见困难

编码第二个角色会很麻烦。孩子们必须严格按照编程说明,确保小猫和小狗各获得一个正确的程序。这会涉及两种不同的迷你程序或循环,每个角色使用一个循环。想要改变角色的编程,我们首先得确保单击了这个角色。

更多帮助

孩子们以前可能没接触过坐标或没用过 x 和 y 坐标来描述物体在屏幕上的位置,那么现在可以让他们看看下面这个图。绿色的点位于 $x=3$ 和 $y=2$ 上。红色的点位于 $x=6$ 和 $y=4$ 上。那么其他的点用 x 和 y 该怎么描述呢?

当我们使用**"将x坐标设为"**或**"将y坐标设为……"**时,我们就在用 x 和 y 坐标的值来定位精灵。我们可以用这个程序将精灵移动到蓝色的点上。

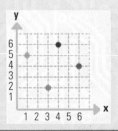

第52~53页
添加声音

第54~55页
声音特效

目标

我们会学习用编程来添加声音。通过Scratch来编辑曲调并创建一个钢琴程序。Scratch语言中的"**演奏音符……拍**"积木通常需要两个值,第一个值控制音符音高,第二个值控制音符的播放时间。

进一步学习

在完成弹钢琴程序之后,孩子们可以添加一些新事件("**当按下……键**"积木)来更换乐器。这需要"**将乐器设为……**"积木。现在我们来试试看吧!

目标

孩子们弄明白了如何在游戏和其他程序中添加声音之后,他们编码声音的能力会得到提高。本页的练习会将声音和循环结合在一起。同时,孩子们也会学到如何使用录音文件,比如第1册第2部分第50~51页追逐游戏中喵喵叫的猫。

进一步练习

孩子们能用Scratch自己录制声音文件。你需要在计算机上装配一个麦克风或者外接一个麦克风。请确保麦克风的正确安装。

1. 添加你自己录制的声音,将"**播放声音……等待播完**"积木拖到代码编辑区,单击"录制"。

2. 单击"**录制**"键,创建你的声音。结束录制时单击"**停止**"键。

3. 单击"**代码**"选项卡。

4. 选择你的录音,单击"recording",之后单击"**播放声音recording1等待播完**"积木。

试试将"**播放声音……等待播完**"积木放进一个程序里,看看会产生什么效果。

第56~57页
变量

第58~59页
计分

目标

我们在这部分中会解释什么是变量，它们是所有编程语言的核心。在进入更加复杂的练习之前，我们得用单个变量来制作简单的程序，这样我们就能弄明白变量的概念了。

核心概念：变量

变量是计算机程序存储数据或信息的一种方法。与普通的数字不同，当事件发生时变量可以改变它的数值。尽管变量看着似乎有些抽象，不过孩子们会在游戏中熟悉分数变量的使用。他们会明白在游戏中变量的分数从零开始，随着游戏的进程分数会递增。

常见困难

有些孩子可能会混淆字母a、变量a以及变量值a这3个概念。在Scratch语言里，变量是这样的。

右图中的状态仅表示显示字母a。在很多其他的编程语言中，a可能会被引号括起（"a"），并把它叫作字符串。

右图中的状态表示显示变量值a。这看着也像是一个a，但当我们运行程序时，它会显示变量值a。

目标

孩子们将会学习用Scratch在游戏中创建一个分数变量（叫作s）。变量会记录游戏的运行时间。在游戏开始时，s值被设置为0。每一次重复游戏的主循环时，变量值s（我们的分数）就会加1。

常见困惑

对于孩子们来说，弄清楚把变量设定为一个特定值与变量增加之间的区别是非常重要的。试试将"将s设为0"积木换成"将s增加1"积木，看看结果有什么不同。

进一步练习

如果孩子们已掌握了这些知识，那么可以让他们试试以下内容。

1. 改变一下鲨鱼游戏，让分数以2秒、5秒或10秒进行增长。随后看看本书第62页的答案。

2. 用"说……"积木来显示游戏结束时的分数。

目标

这个练习将进一步帮助孩子们理解变量的概念：在此练习中，分数不会随着主循环的重复而增加，而会随着精灵被单击次数而增加。这项练习也会让我们一起回顾循环和坐标的概念。

目标

在这几页中，我们在巩固循环和变量的知识点的同时，会让孩子们学习一项重要技能——调试。在孩子们尝试编写更长的程序时，他们的程序会出现更多的漏洞，而修正这些漏洞需要更多的技能。同时，我们也会教大家如何在第一时间避免漏洞。

代码是如何工作的？

小贴士

我们需要培养孩子们检查代码的能力，让他们学会分析每行代码会产生什么效果。逐行大声朗读或者将每行代码读给一个伙伴听，这样做真的很有用。解释每行代码的作用，能够让孩子们弄明白自己真正想要程序去做什么。

令人惊讶的是，专业程序员们也会这么做。如今有一种叫"橡皮鸭调试"的技术。程序员会检查每一个不起作用的代码，并把每行代码的作用大声解释给一只橡皮鸭听。

也许有一天鸭子也能学会编程！

1 启动程序。

2 将猫精灵移动到屏幕左边。

3 将分数重置为0。

4 重复执行直到碰到舞台边缘。

5 移动精灵。

6 显示分数（若程序停止了循环，那是因为精灵碰到了屏幕边缘）。

7 当角色被点击。

8 分数增加。

21

第2部分

赛车游戏

此练习将"重复执行直到……"积木与变量相结合，能够进一步拓宽孩子们的知识面。我们用Scratch来创建一个赛车游戏，循环使汽车保持移动直到它撞到什么东西为止。变量被用来计量汽车未撞车之前能行驶多久。

1

启动 Scratch。通过右键单击并选择"**删除**"，删除默认角色。（在苹果电脑上，你需要在单击的同时按住"**Control**"键。）

2

现在画出你的汽车精灵。

单击"**绘制**"。

选择颜色和"矩形"工具。绘制车身。

然后，添加更多的矩形、轮子和一名司机（使用"圆"工具）。

3

通过改变"大小"数值缩放精灵。

大小 [100]

4

现在为你的汽车画出行驶道路。别画得太窄。

单击"**舞台**"。

然后单击"**造型**"。

单击填充工具并选择绿色。现在单击背景着色，然后用灰色矩形来绘制轨道。

5

现在，我们需要让汽车移动直到它脱离道路为止。

将所有积木拖进代码编辑区。

你需要将"**碰到颜色……**"积木中的颜色方块设置为绿色草地的颜色——单击颜色方块，随后在舞台区域单击草地。

单击靠近 Scratch 屏幕上方的"▶"来检验你的代码。

如果在单击"▶"时，汽车不能在轨道上移动，那么你需要调整一下"**将 x 坐标设为……**"积木和"**将 y 坐标设为……**"积木的数值。"**面向 90 方向**"积木能让汽车向右行驶。

单击**角色1**，确保我们将代码添加到汽车精灵中。随后单击"**代码**"选项卡。

6

从"事件"积木分组中选中"当按下……键"积木，并添加两个该积木来控制汽车。尝试按"←"和"→"键以测试代码。

单击这个按钮让游戏变大！

7

现在生成一个变量来记录分数。
选择"**变量**"组。

单击"**建立一个变量**"。

将其命名为"s"（分数）。

随后单击"**确定**"按钮。

8

拖曳"**将S设为0**"积木至游戏开始时。

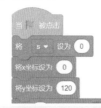

9

拖曳"**将s增加1**"积木放入主循环中，这样分数就会递增。

挑战！

你能为游戏添加声音特效吗？在游戏结束时发出碰撞声（尝试一下鼓声）。

玩转变量

一旦孩子们掌握了变量的概念并运用自如，我们会有很多办法来扩展他们的知识。现在，我们用Scratch将变量与循环、声音以及图形结合在一起。

变量与声音

试试这个程序，它将循环、变量和声音结合在了一起。

① 从"**控制**"组中，把"**重复执行……次**"积木拖到代码编辑区。

② 从"**音乐**"组中，添加"**演奏音符……**"积木。

③ 单击"**变量**"组，生成一个叫 a 的变量。

④ 将"**将a设为0……**"积木放到循环开始之前。设定a为60。
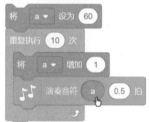

在a上拖入小圆圈，并将带小圆圈的a拖到"**演奏音符……拍**"积木中。

在循环中放入"**将a增加1**"积木。检测你的代码。实验一下！

现在创建这3个程序。哪款游戏会产生有用的声效呢？

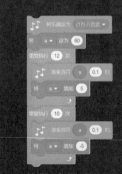

使用2次循环。

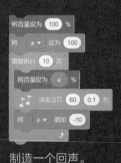

制造一个回声。

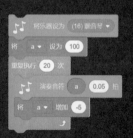

分别用a的变化数和循环次数来进行测试。

变量与图形

你已经学会了利用循环命令来画基本的图形，现在加入变量试试看。在循环中使用变量可能会产生非常有趣的效果，比如可以改变图形的边长。用Scratch绘图，记得把猫精灵缩小，别让它妨碍你。

1 这个循环能画出一个正方形。

现在添加一个变量做出一个螺旋。

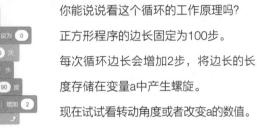

你能说说看这个循环的工作原理吗？

正方形程序的边长固定为100步。

每次循环边长会增加2步，将边长的长度存储在变量a中产生螺旋。

现在试试看转动角度或者改变a的数值。

2 这个程序能画出一条粗粗的线。

变量能让线条变得越来越粗。

3 这个程序可以改变笔的尺寸和颜色。设定笔的颜色时，请使用"**将笔的……设为……**"积木。
变量能改变我们所绘制的图形。现在用不同的方法来玩一玩吧。

25

第72~73页
"如果"命令

第74~75页
小测试

目标

"如果"命令引入了一种叫作选择的概念。选择让程序依据问题或者输入答案的不同而选择不同的代码来运行。在Scratch语言中,孩子们会用选择来创建一种问答程序。

核心概念:选择

在刚开始编程时,孩子们编写的大部分程序每次都以相同的方式运行,一句指令接着另一句指令,按部就班。这叫作顺序代码。右图所示正是一种顺序代码。

> 开始
>
> 前进 10 步
>
> 右转
>
> 前进 10 步
>
> 停止

选择意味着因某事件的发生(如回答了问题),程序产生了分支并运行另一套代码,如右图所示。

> 开始
>
> 提问: 5*5 答案是多少?
>
> 用户是否输入了 25 ?
>
> 显示 "好样的!"
>
> 停止   停止

程序员们通常把它称作"条件语言"。

目标

用Scratch编辑小测验程序能够帮助孩子们更好地理解什么是选择。这个练习同样也使用变量来计分。

更多帮助

孩子们可能需要复习一下如何使用变量,那么请翻阅第1册第2部分。变量是计算机程序存储数据或信息的一种方法。跟普通的数字不同,当事件发生时变量可以改变它的数值。尽管变量看着似乎有些抽象,不过孩子们能很快掌握用变量记分的方法。大部分孩子都知道游戏开始时分数从零开始,随着游戏的进程分数会增加。

我们得确保孩子们弄清楚小测验开始时分数设定为零以及用户答对问题时分数加1之间的区别。需要给孩子们解释清楚:只有在答案正确时,"**如果……那么**"积木内添加的"**将s增加1**"积木才会运行。

第76~77页
"否则"命令

目标

　　"否则"命令帮助我们继续研究选择。孩子们会学习Scratch语言中**"如果……那么……否则"**积木的使用。最基本的"如果"命令能够让程序在某条件成立时采取行动，例如，如果答案正确，则显示"好样的！"。增加"否则"命令，可以让程序在答案错误时按照另一组代码运行。

更多帮助

　　现在让孩子们离开计算机，来玩玩看下面这些游戏吧。这些游戏为我们演示了**"如果……那么……否则"**积木，它们能帮助我们检查孩子们到底有没有理解选择的核心概念。

　　提出以下问题或者将这些问题输入计算机（用很大的字号或借用投影仪）：

　　如果你的年龄是10岁，那么站起来，否则坐下。

　　如果你的头发是黑色的，那么挥挥手，否则拍拍你的肚子。

　　如果你是女孩，那么跳个舞，否则将你的手指放到耳朵里。

　　或者给每个孩子分发游戏卡并提问，如：

　　如果卡=5，那么招手，否则皱眉头。

　　如果卡=红色，那么上下跳跳，否则就把双手放在头上。

第78~79页
如果角色被碰到……

目标

　　这些练习将选择和循环的知识结合在一起。在吃苹果游戏中，无限循环让我们的小猫角色朝着鼠标指针移动。**"如果……那么"**积木会在猫碰到（或吃掉）苹果时，让苹果角色消失。

进一步练习

　　如果孩子们较好地掌握了选择和循环的概念，那可以让他们尝试下面这些额外的练习。

1. 创建一个怪物吃外星人的游戏。

2. 为增加游戏难度，我们需要让外星人在屏幕上移动。

3. 修改赛车游戏（本书第22~23页）。把直到循环中触色部分删除，加入"如果"命令。现在，如果汽车碰到了草坪，分数减1。

4. 修改赛车游戏。如果汽车碰到草坪，倒退1步。这会让车速慢下来。

第3部分

第80~81页
开始使用Python

目标

这几页主要讲Python语言。继LOGO和Scratch语言之后，Python语言是孩子们学习编程的新阶段，它是一种更加规范的文本编程方法。

第82~83页
Python中的输出

目标

孩子们将会学习使用Python将文本输出到屏幕上并进行简单的计算。用Python输入程序需要孩子们更加注重细节。

更多帮助

Python安装方法详见本书第54页。让孩子们大胆地开启IDLE（Python编辑器），接着我们会向他们演示如何将具有代码的文字编辑器设置在屏幕左手边。储存并运行一个简单的程序。一个显示程序结果的新窗口将会弹出。教他们如何轻松自如地把窗口移动到屏幕右手边。

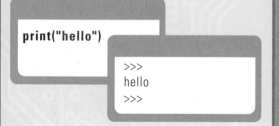

```
print("hello")

>>>
hello
>>>
```

让孩子们练习一些简单程序（只有一两句的程序）来熟悉基本任务。IDLE能识别指令（如print），并用不同颜色显示出来。这能帮助程序员挑出代码中的错误。在我们的书里，我们用灰色来代表这些颜色。

小贴士

对于孩子们而言，输入 Python 代码时出现一些小错误是很常见的。可惜的是，在出现错误时，Python 编辑器并不能常常给出有用的反馈信息。下面的小贴士能帮助你避免这些问题：

1. 在文字输入错误时，Python 并不能明显地反馈出来，但是如果它识别出指令（如 print），那么它就会把文字变成紫色。

2. 孩子们在 print 后面的括号里进行输入时，如 print（123），如果输入正确，括号和 123 就会变亮。

print 123

孩子们需要学会依据这些视觉线索来判断他们的代码是否正确。

第84~85页
用Python来提问

目标

在第1册第3部分，孩子们学会了Scratch中的选择。现在我们要学习Python中的选择。Python中的简单的方法能帮助孩子们更好地理解选择的概念。尽管所有的指令都需要打字输入，但是相比于Scratch而言，用Python来创建一个小测验会更快、更简单。

进一步练习

让孩子们比较一下用Python和Scratch来创建同一个小测试程序的不同。

```
answer=input("What is the capital of England?")
if answer=="London":
    print("Correct")
```

常见困难

我们需要提醒孩子们在使用Python时别忘记输入冒号（：），并且在输入"if"指令之后要按"tab"键。（本系列书中，我们使用"tab"键来缩进Python，但是很多程序员更喜欢用4次空格键。）此外，我们还得注意Python被程序员称为"大小写敏感"的情况，——Python会区分字母的大小写。它认为"London"与"london"不是一回事。相反，Scratch并不会这么敏感，它会认为这两个词是一样的。

第86~87页
Python中的循环

目标

现在我们要用Python来计数以拓展我们对循环的认识。Python循环代码会让孩子们进一步加深对于循环的印象。

进一步练习

1. 创建Python循环是有捷径的。如果你无所谓循环开始的数值是多少的话，那么你可以这样编写。

```
for n in range (10):
    print(n)
```

2. 如果我们想要循环数比1大且数值不断增加，那么我们可以在括号里写3个值（或参数值）。试试下面这个语句，看看会发生什么？

```
for n in range (0,50,5):
    print(n)
```

更多帮助

Python与Scratch处理循环的主要区别之一在于Python同样会引入变量（如n），该变量的数值会随着循环的重复而增加。大部分现代编程语言都是这样的。如果孩子们需要复习一下变量，那么请记住我们曾在"小测试"（详见第1册第3部分第74~75页）里用一个变量来记分。对比一下下图中的Scratch循环和Python循环。

```
for n in range(0,10):
    print("Hello!")
```

第88~89页
Python中的图形

第90~91页
Python生成随机数

目标

这几页我们要教会孩子们如何在Python语言中通过导入一个叫"turtle"（小乌龟）的代码库来绘制图形。turtle指令能让孩子们通过乌龟或角色的移动来绘图，其绘图功能与LOGO和Scratch的方式相近。在"循环与图形"练习中，我们用循环来绘图。

进一步练习

在第1册第2部分，我们通过两个循环（一个循环里嵌着另一个循环）来绘制一些图案。这个练习会加深孩子们对于循环和Python的理解。

在LOGO语言中：

repeat 36[rt 10 repeat 4 [fd 120 rt 90]]

在Python语言中：

```
from turtle import *
for r in range(0,36):
    rt(10)
    for s in range(0,4):
        fd(120)
        rt(90)
```

我们用fd代替向前（forward），rt代替右转（right），这些缩写在Python中都能起作用。在任何绘图指令之前输入speed（0）都能够让制图速度加快。

两个程序都能画出下图所示的图形。

目标

现在我们将会学习使用Python中的另一个代码库，它能帮我们生成随机数。孩子们将认识到计算机游戏中随机的用处。他们会编写出模拟抛硬币制作"随机三明治"的Python程序。

核心概念：随机数

抛硬币能帮助孩子们直观地理解随机的概念。此外，对比Scratch和Python随机程序的不同之处也是非常有意义的。Python语言中，我们输入随机代码库；而Scratch语言中，我们使用"**运算**"积木分组中的积木。两种语言挑选随机数的指令非常相似。

在Python语言中：**randint(1,6)**

在Scratch语言中： 在 `1` 和 `6` 之间取随机数

在 `1` 和 `6` 之间取随机数

将x坐标设为 `0`

孩子们一旦掌握了Scratch中随机数的使用，他们就能把生成随机数的积木拖进任何空白框里（通常里面都填写数字）。例如：

"将x坐标设为……"积木

"**在……和……之间取随机数**"积木

始终从左端拖动"**在……和……之间取随机数**"积木放入数字框中。

将x坐标设为 在 `1` 和 `6` 之间取随机数

这会使角色随机出现在屏幕任意位置。

随机的艺术

调试

目标

在"随机的艺术"中，我们会使用Scratch随机数，通过设定随机的坐标、随机的画笔粗细及随机的颜色来绘制泡泡图案。

目标

Scratch和Python调试练习能够帮助孩子们提升自己查找并解决错误代码的能力。尤其是Python，它能更好地培养孩子们的校对能力，这对于孩子们掌握文本编程语言是非常重要的。

代码是怎么运行的

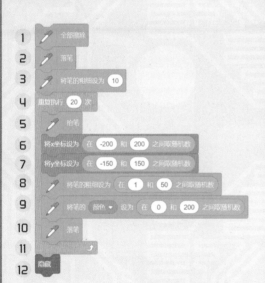

1	全部擦除
2	落笔
3	将笔的粗细设为 10
4	重复执行 20 次
5	抬笔
6	将x坐标设为 在 -200 和 200 之间取随机数
7	将y坐标设为 在 -150 和 150 之间取随机数
8	将笔的粗细设为 在 1 和 50 之间取随机数
9	将笔的 颜色 ▾ 设为 在 0 和 200 之间取随机数
10	落笔
11	↵
12	隐藏

1. 全部擦除。
2. 落笔（这样才能开始绘图）。
3. 将笔的粗细设置为10像素。
4. 重复主循环指令20次。
5. 抬笔（不要连接每个点）。
6. 将 x 坐标（平面中显示左右的位置的参数）设为 -200~200 的随机数。
7. 将 y 坐标（平面中显示上下的位置的参数）设为 -150~150 的随机数。
8. 点的尺寸设置为 1~50 像素之间的随机数。
9. 随机选择颜色。
10. 落笔笔（画点）。
11. 返回循环。
12. 结束时将角色隐藏起来。

更多帮助

调试Python代码是一项很难掌握的技能。有些孩子能够一眼就找出练习4-7中的错误，而更多孩子需要一些额外帮助，让他们在IDLE中输入漏洞代码。尽管Python不会纠正错字，但它能在识别出错误时改变指令的颜色，如print。Python编程时，我们需要提醒孩子们注意颜色的变化以及括号增亮的情况，这样就能检查出刚才输入的代码是否正确了。

第3部分

用Python画出随机图形

这些练习将随机数和画图这两种Python代码库结合在一起，扩大了孩子们的知识面。用循环和变量代码库，我们可以制作出很多有趣的图形。

1

随机方块

启动IDLE（Python编辑器），打开新文件。

2

输入下列指令。

```
from turtle import *
from random import *
```

这一部分会告诉Python，把turtle（乌龟）和random（随机）库里的所有的命令都借给我们的程序用。

3

首先，我们需要"**goto**"指令将乌龟（turtle）移动到屏幕任意位置。它需要两个随机值：即x和y坐标（x和y坐标相关知识详见本书第18页）。

生成一个具有0~300随机值的变量x。

生成一个具有0~300随机值的变量y。

抬笔（别画）。

让turtle在屏幕上移动到x和y坐标位置上。

落笔（开始绘图）。

此循环会绘制一个正方形。

```
from turtle import *
from random import *

x=randint(0,300)
y=randint(0,300)
pu()
goto(x,y)
pd()

for s in range(0,4):
    forward(100)
    right(90)
```

绘制多个随机图案

现在我们将扩展我们的程序，在屏幕上画30个花朵图案。每个花朵图案将由6个方块围绕一个点旋转后构成。这个程序需要3个循环。

1 启动IDLE，并打开一个新文件。

2 输入右图中的代码。

- 一个内循环来画方块。
- 一个循环重复6个方块来构成花朵图案。
- 一个外循环画30朵花，每一朵在随机的位置。

导入乌龟（turtle）库和随机（random）库。

使乌龟快速移动。

重复外循环30次。
在−300~300创建x的随机值。
在−300~300创建y的随机值。
抬笔（不要画）。
把乌龟移到（x,y）。
落笔（开始绘图）。

重复循环6次。
向右转60度。

现在画的每个方块：
重复内循环4次。
向前移动50个像素。
右转90度。

```python
from turtle import *
from random import *

speed(0)

for p in range(0,30):
    x=randint(-300,300)
    y=randint(-300,300)
    pu()
    goto(x,y)
    pd()

    for r in range(0,6):
        right(60)

        for s in range(0,4):
            forward(50)
            right(90)
```

3 保存并运行你的代码以测试它。它应该看起来与右下图类似。

挑战！

尝试添加一个额外的变量设置图案的大小。将它设置为一个随机值。在内部循环中使用它代替向前移动50个像素。

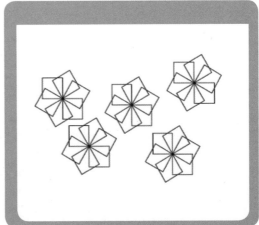

第3部分

随机Python测验

这个项目融合了迄今为止涵盖的许多关键概念：输入、变量和随机数。我们也将使用不同类型的变量。我们将创建一个问答，询问10个随机时间表问题，计算总数并正确回答。

问一个随机的问题

在做10个问题的测验之前，我们将试着用一个问题做一个小测验。

1 首先，我们需要为我们的问题创建两个随机数，我们称之为a和b。

2 接下来，我们需要询问被测试者a乘b等于多少。

3 最后，我们需要检查被测试者的回答是否正确，然后告诉他们。

1

启动IDLE，并打开一个新文件。

2

输入下图中的命令。

```python
from random import *

a=randint(1,12)
b=randint(1,12)

print("What is",a,"times",b)

answer=input("?")

answer=int(answer)

if answer==a*b:
    print("correct")
else:
    print("wrong")
```

导入随机库。

创建一个名为**a**的变量，在1~12之间取随机值。
创建一个名为**b**的变量，在1~12之间取随机值。

询问一个问题，比如："5乘4等于多少？"

等待被测试者的回答并将其存储在一个名为"**answer**"的变量中。

答案是一个"字符串"。我们将把它转换成整数，这样我们就可以把它与"a乘b"进行比较。

检查答案是否等于"a乘b"。如果相等，显示"**correct**"（正确）。否则显示"**wrong**"（错误）。

在输入**if**之后，IDLE 将自动添加一个制表符。在输入 **else** 之前，您需要删除其中的一个。

字符串（strings）与整数（integers）

我们使用变量来存储信息。一些信息是一个数字，比如游戏中的分数。如果它是整数，我们称之为整数（integer）。其他类型信息，如你的名字，可能由字母组成。由字母组成的信息称为字符串（string）。无论其中是否有变量，通过输入语句创建的变量都将是一个字符串。

Python会以不同的方式处理字符串和整数。它认为20与"20"是不一样的。如果我们需要将字符串的值与整数进行比较，在我们的Python测验程序中，使用anster= int(anster)进行转换。

增加更多的问题和得分

为了让我们的测验程序能问出10个问题，围绕我们已经创建的主要代码，我们需要创建一个外循环。我们还需要添加一个得分变量——开始时它将被设置为零。如果玩家正确回答问题，它的值就会增加。最后，我们需要在游戏结束时显示得分。

1 启动新文件，或者编辑当前文件。

2 输入如右图所示的代码。

设置得分变量s为0。

启动一个从1到10的循环。

问一个问题，如："问题3：3乘以8等于多少？"

如果答案正确，得分s加1。

显示正确答案的数目s。

```python
from random import *

s=0
for q in range(1,11):

    a=randint(1,12)
    b=randint(1,12)

    print("Question",q,"What is",a,"times",b)

    answer=input("?")
    answer=int(answer)

    if answer==a*b:
        print("correct")
        s=s+1
    else:
        print("wrong")

print("You scored",s,"out of 10")
```

确保你的代码像上面一样缩进。如果需要，请使用"Tab"或"Delete"键调整。缩进不正确，代码将无法工作。

```
>>>
Question 1 What is 4 times 7
?28
correct
```

第4部分

第104~105页
创建网页

目标

这部分内容将教会孩子们制作出他们自己的网页。孩子们将学习在制作网页时如何使用特殊的 **<tags>**（标签）来标记页面的不同部分。像大多数的专业程序员一样，孩子们将从自己的计算机上创建页面并在"本地"测试它们，而不是在线的工作环境的"活"网页。孩子们将学习如何在网页浏览器中创建一个网页，这是进入下一个阶段之前需要掌握的内容。

更多帮助

在进入更复杂的HTML和JavaScript编程之前，孩子们将从文件的保存和处理中获得不少窍门。下面是一些实践技巧可供参考。

1 练习使用文本编辑器。确保孩子们可以自己找到文本编辑器。如果孩子们使用了苹果电脑，首先他们需要单击**"文字编辑"**菜单，然后单击**"首选项"**，选择**"纯文本"**并且勾选不检查**"智能引号"**。

2 如果孩子们需要在未来继续进行他们的文件处理工作。确保他们知道如何保存文件以及如何在保存文件后找到它们。我们有必要在桌面（或文档区域）创建一个文件夹，这样能够轻松地访问并保存他们的所有工作。

3 确保孩子们能理解网页必须被保存为.html文件，否则它们将无法正常工作。

第106~107页
使用HTML

目标

当孩子们能够熟练地创建一个简单的三行网页，能够保存并在浏览器中打开它时，他们就可以使用不同的标签来查看。他们将遇到的第一个标签是文档的开始和结束时的"**<html>**"和"**</html>**"。现在我们介绍段落和标题标签。孩子们还将学习如何用如**<em>**这样的标签来强调部分文本。

进一步练习

对于额外的标签，在文本编辑器中启动一个新的HTML文档。在页面上添加**<html>**和**</html >**标签。在它们之间写一个"动物"列表。保存并测试页面。现在编辑页面，使用标题标签，使不同的动物越来越小。例如：

文本编辑-animals.html

```
<html>
    <h1>Elephant</h1>
    <h5>Mouse</h5>
    <h2>Tiger</h2>
    <h6>Fly</h6>
</html>
```

浏览器

 //desktop/animals.html

Elephant
Mouse

Tiger
Fly

第108~109页
地址和链接

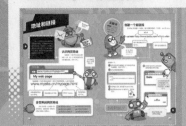

第110~111页
很多链接

目标

这几页将从让孩子们了解更多关于URL（网址）的知识开始，最终教会孩子们创建链接到其他网页的超链接的关键技能。孩子们会熟悉锚标签：<a>。

更多帮助

一些文本编辑器使用了"智能引号"，并改变垂直引号（'）的角度（'）。如果发生这种情况，请参考本书第36页上的"更多帮助"来关闭该功能，或者考虑使用专用文本编辑器编写程序——参考右边的"小贴士"。

进一步练习

让孩子们在URLs中列出国家代码，域名的这个部分被称为"后缀"孩子们能从网址的后缀发现一个网站是由慈善机构、政府或教育机构经营的吗？

投递到哪儿去？

目标

现在孩子们已经熟悉如何创建链接，让他们创建一个拥有他们喜爱的链接的页面。他们将使用他们自己的锚标签（<a>和</a>），将它们与已经学习的一些标题和段落标签相结合。

常见困难

有些孩子可能会混淆锚标签的不同部分——<a>和</a>。确保他们理解<a href=>部分需要包含URL，而锚标签之间的部分将在网页上显示为可以单击并链接到URL的文本。孩子们还需要记住要在URL周围加上引号。

小贴士

基本的文本编辑器（如记事本或文本编辑）就可以支持孩子们开始创建网页。它也能够支持孩子们详细地查看页面是如何建立的。一旦他们熟悉了这个简单的实验，就值得下载一个专用的、更高级的 HTML 编辑器。请参阅本书第 56 页了解更多信息后下载一个。优秀的 HTML 编辑器将要求孩子们学习如何编码，而不是替他们做所有的事情，但编辑器会提供一些很有特色的支持：

- 自动着色文本以强调标签、关键字、字符串和数字。

- 自动完成代码以节省时间。

- 对标签、括号和引号已关闭并具有匹配对给出提示。

- 允许孩子们同时打开多个文件进行工作。

第112~113页
上色啦

第114~115页
添加JavaScript

目标

"涂颜色"将教会孩子们如何改变网页上的对象的颜色和样式。大型网站使用附加的包含CSS的文件（级联样式表，参见本书第58页）。在这里，我们使用一种更简单的方法来探索概念，通过在标签内添加样式属性。

进一步练习

孩子们还可以学习如何改变他们的文字的字体：

1 在你的文本编辑器中新建一个HTML文件。

2 输入以下代码。
```
<html>
  <h1>Fruit</h1>
  <p>Apples</p>
</html>
```

3 保存并测试网页。

4 编辑第二行添加一个样式属性<h1 style="font-family:Arial">（前面所做的更改颜色的方式）。这将更改文本的字体族（font family）。

5 体验使用其他字体。可以首先尝试使用Impact和Tahoma字体。

如果你设置的字体族的名字中有一个以上的单词，你需要在它周围加上引号。例如，在字体名称周围使用单引号，围绕样式属性的双引号。

```
<h1 style="font-family:'Comic Sans MS'">
```

目标

到目前为止，孩子们只使用HTML代码来设计他们的网页。为了使网页更具交互性，现在他们将学习如何将他们的HTML代码与另一种语言（JavaScript）结合起来。他们将学习如何添加一个"监听器"来让一些JavaScript程序在单击某个按钮时运行。

进一步练习

一旦孩子们掌握了第1册第4部分的练习，他们就可以用3个按钮创建一个新的网页，在每一个按钮上面写上一个谜语，并在每个按钮上添加监听器，当孩子们单击按钮时，答案就会显示为一条消息。比如，尝试使用这些代码（在一行上全部键入）。

```
<button onclick='alert ("一只蜜蜂倒着飞")'>什么飞起来嗡嗡嗡？</button>
```

目标

现在我们将使用JavaScript循环和变量，做一些算术和计算。孩子们可能以前使用过循环和变量——不管是在LOGO或者Scratch中创建图案还是保持分数（见第1册第2部分），又或在Python中计数（见第1册第3部分）。在本书中，也可以翻到第16页复习一下循环的用法或翻到第20页巩固下变量的使用。

进一步练习

在第1册第4部分的计数练习中，我们通过一个循环让数字彼此相邻显示。我们可以使用<pre>标签强制网页浏览器显示预先格式化的文本，从而让网页浏览器在每一行显示一个数字。

文本编辑-animals.html

```
<pre>
<script>
 for(var n=1; n<10; n++)
   document.writeln(n);
</script>
</pre>
```

浏览器

//desktop/animals.html

```
1
2
...
9
```

为了使JavaScript循环计数每次增加5，将循环的右侧从n++改为n+=5。

比如，想要写出这些数字0, 5, 10, 15, 20, 就要使用: for(var n=0;n<21;n+=5)。现在试着做这些练习（参考答案在本书第62页）:

1 做一个循环来显示0, 10, 20, 30, 40。

2 做一个循环来显示2, 4, 6, 8, 10。

目标

这几页介绍了函数的概念——函数就是一系列命令。每当函数被"调用"（运行）时会执行一个特定的任务。比如告诉机器人要做一个三明治，这个想法是通过编写指令来解释给机器人的。指令不管机器人用什么三明治内馅都会起作用，然后通过创建一个函数来实现这个想法，该函数将提出一个问题，并检查答案是否正确。孩子们将使用函数来编写一个测验。

核心概念: 函数

函数是编码中的一个重要概念。创建和使用自己的函数通常是因为以下这些原因。

1 使用函数意味着不必重复代码——我们只需要在需要的时候"调用"函数，而不必一遍又一遍地重复相同的命令。

2 函数使长程序更容易阅读。

3 函数使程序更加灵活，一个函数可用于多种情况。

4 将JavaScript函数的"调用"添加到HTML监听器比编写多行代码要容易得多。

第120~121页
Js（JavaScript）函数与HTML的结合方法

第122~123页
动物项目

目标

在这两页中我们将继续在JavaScript函数上工作。这一次我们将结合JavaScript和HTML进行编程。这个活动让孩子们学会创建一个能更改网页背景颜色的函数。

进一步练习

为了尝试额外的东西，我们可以创建一个类似的函数来改变网页上的文本颜色。

1 在文本编辑器中新建一个网页文件。输入以下内容。

文本编辑-animals.html

```html
<html>
<h1>The Creepy House</h1>
<p>Once upon a time</p>
<button onclick="setcol('red')">Red</button>
<button onclick="setcol('blue')">Blue</button>
<script>
  function setcol(col){
    document.body.style.color=col;
  }
</script>
</html>
```

这个程序与第1册第4部分第121页的程序非常相似，但它改变的是文本的颜色而不是背景颜色。它使用style.color来改变文本颜色。

2 用和第1册第4部分第119页相同的方式保存并测试文件。

3 添加更多的按钮和颜色。祝你实验愉快！

目标

这个项目将指导孩子们通过把几页信息链接在一起来创建一个简单的网站。他们还将学习如何将图像添加到他们的网页中。如果他们的网站不在线公开，孩子们可以使用任何他们喜欢的图像——但是如果网站是公开的，他们就需要拥有图片的版权才能使用图片而且也要有网络安全意识（参见第1册第4部分第124~125页）。当从互联网上下载图像时，孩子们应该一直受到严密的监督。

进一步练习

创建具有多个页面的小项目，可以让孩子们在处理文件和创建链接方面得到很好的练习。你可以帮他们为每个项目创建一个单独的文件夹。下面是网站项目的更多想法：

1 这学期的历史主题，如古代文明及其文物。

2 你最喜欢的运动项目和体育明星。

3 评论你最喜欢的书或电影。

4 科学主题，如材料及其用途。

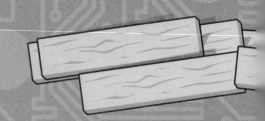

第124~125页
分享你的网站

目标

这部分将向孩子们讲解如何上传他们创建的网站。孩子们可以在离线（不上传）的同时练习他们的编程和HTML技能，但有时他们也会希望吸引读者来参与他们的工作。如果孩子们在线提供任何信息，请确保他们受到严密的监督。请浏览以下电子安全指引，以及您在家或学校有关使用互联网的其他规定。

网络安全指引

如果你和一群孩子一起工作，那么展示下面这些网络安全指引就非常有必要了，让每个人都能读懂并牢记在心：

1 不要在网上发布个人信息，比如你自己的姓名、地址或电子邮件地址。

2 不要上传包括你或你家人的照片。

3 不要在你的网站上写对别人不友好的话。

第126~127页
调试

目标

在这些练习中，孩子们需要修复一些带有bug的HTML和JavaScript代码样例。这些HTML和JavaScript代码片段都带有bug。这些代码特征的片段包含了我们在第1册第4部分中学习的所有关键概念：链接、样式、循环和函数。

小贴士

孩子们可以尝试使用控制台，这是一种内置在大多数网络浏览器中的调试工具。它能帮助他们看出错误在哪里，尽管起初这些消息可能看起来相当专业。

在控制台中展示：
在苹果电脑上，使用谷歌浏览器：

在使用 Windows 操作系统的计算机上，使用IE 或谷歌浏览器：

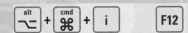

控制台将在这里或在浏览器的底部出现。

典型的控制台消息：
'scor' is not defined - mypage.html:3
这意味着浏览器不知道名为 scor 的变量或函数。当变量或函数拼写不正确时，可能会显示此消息。错误可能在第 3 行。
Unexpected token ILLEGAL - mypage.html:7
或
Unterminated string constant - mypage.html:7
意味着在第 7 行中有一个引号或双引号丢失，例如，alert('hello)。

第4部分

网站

通过学习创建具有许多新技术的小型网站，孩子们可以扩展对HTML代码的使用范围。他们将学习如何改变图像的大小。这些技能在其他项目中也都是很有用的。

1

在文本编辑器中新建一个网页文件并输入下图中的文本。

文本编辑器

```
<html>
 <h1>Countries</h1>
</html>
```

在苹果电脑上，单击"文件"后在下拉菜单中选择"保存"，再单击"新文件"。在使用Windows系统的计算机上，右键单击"保存"框，然后依次单击"新建"和"文件"。

2

为你的项目创建一个名为"Countries"的新文件夹。保存你的文件并命名它为 **index.html**。

3

打开Countries文件夹，双击打开index.html文件并测试它。

4

把Countries文件夹放到桌面上，方便你的文本编辑器和浏览器可以快速访问。

双击 Countries 文件夹打开它。你将在这里保存你的网站的所有的文件以方便下次使用。

Files: desktop/Countries

index.html   paris.jpg

文本编辑器

```
<html>
 <h1>Countries</h1>
</html>
```

浏览器

//desktop/Countries/index.html

Countries

如果你喜欢的话，你可以使用巴黎和罗马的照片！一定要求助成年人帮你在网上搜索。将照片拖到Countries文件夹中，并命名为paris.jpg和rome.jpg。

一定要询问成年人，你是否可以在网上搜索照片。

5

单击"**文件**"和"**新建**"启动下一个网页。输入如下代码：

```
<html>
<h1>France</h1>
<img src = "paris.jpg">
</html>
```

保存页面到Countries文件夹并命名为france.html。

6

编辑 **index.html** 文件。

锚链接开始

链接内图片

链接内文字

锚链接结束

文本编辑器

```
<html>
 <h1>Countries</h1>
 <a href="france.html">
 <img src ="paris.jpg">
 France
 </a>
</html>
```

保存文件！

7

刷新页面。单击"France"链接，法国页面将加载到浏览器中。

浏览器
//desktop/Countries/index.html
Countries

France

浏览器
//desktop/Countries/france.html
France

8

两张图片都非常大。法国页面上的图片可以保留原始大小，但在 Index 索引页面，我们得让图片更小一点。（在制作在线网站时，你还需要使照片的尺寸变得更小以便能更快地加载。）编辑 **index.html** 文件中的第 4 行代码：

```
<img src ="paris.jpg" width="100" >
```

设置宽度为**100**。表示宽度为100个像素。

保存文件后刷新页面进行测试。照片的高度应该也已经自动发生改变。

9

现在为意大利添加另一个页面并保存（如何保存，请参考第5步）。你还需要在Index索引文件中为其建立另一个链接，因此编辑**index.html**文件如下：

使用
换行并开始新的一行。

文本编辑器

```
<html>
 <h1>Countries</h1>
 <a href="france.html">
  <img src ="paris.jpg" width="100">
  France
 </a>
 <br>
 <a href="italy.html">
  <img src ="rome.jpg" width="100">
  Italy
 </a>
</html>
```

10

在每个国家的页面上添加关于这个国家的更多信息。在信息周围使用<p>段落</p>标签。回头看看第1册第4部分第112页，试着改变页面和文本的颜色。

嵌入

本节课着眼于教会孩子们向网页添加额外的资源，比如视频和地图。他们将学习如何将这些对象囊括进名为iframe的新HTML对象中，以及如何设置嵌入（添加）对象的大小。

嵌入视频

有时，你想将视频添加到网页中。如果你拥有该视频，并且该视频存储在你的计算机或服务器上，那么你可以像我们在前一个项目中添加的照片一样将其包含进来。或者，如果该视频在另一个站点上，你可以建立一个指向该视频的链接。嵌入是介于两者之间的东西——看起来好像视频是在你的网站上，但实际上它是从另一个网站显示的。

1 在成年人的帮助下，找到一个你想嵌入的在线视频。

在你上网搜索视频前请先征得成年人的许可。

2 在网页上找到一个"共享"按钮，然后单击它。

3 单击"**嵌入**"按钮，突出显示所有代码。单击鼠标右键并选择"复制"。

Share	Embed	Email	×

```
<iframe width="560" height="315" src="https://www... ></iframe>
```

在苹果电脑上，你必须按住**Control**键的同时单击鼠标。

4 在文本编辑器中建上一个新的HTML文件。输入如下图所示的一个基本的HTML文件。

在这里单击鼠标右键，选择"粘贴"。

iframe代码应该出现在HTML文件中。如果没有，返回到视频并再次执行步骤3。
在浏览器中保存并测试文件。

文本编辑器

```
<html>
 <h1>Videos</h1>
 <p>Here is a video about London</p>
  <iframe  width="560"  height="315"  src...
</html>
```

浏览器　//desktop/video.html

Videos
Here is a video about London

嵌入地图

我们可以用类似的方法嵌入地图。

①

找到你想要嵌入的在线地图，将它放大到你想要的大小。

②

找到"**共享**"按钮并单击它。在百度地图中，可以单击右上角"**工具箱**"选"**分享**"。

③

单击"**嵌入**"按钮。突出显示所有代码，右键单击鼠标并选择"复制"。

Embed Map   ×

`<iframe src="https://www.google.com/maps/embed...</iframe>`

在苹果电脑上，当你单击时，你必须同时按住**Control**键。

④

在文本编辑器中启动一个新的HTML文件。输入一个基本的HTML文件：

右键单击鼠标，选择"粘贴"。

Iframe代码应该出现在HTML文件中。如果没有，返回到地图并再次执行步骤3。

在浏览器中保存和测试文件。

文本编辑器

```
<html>
 <h1>London</h1>
 <p>Here is a map of central London</p>
 <iframe src="http://www.baidu.com/maps……
</html>
```

浏览器
//desktop/map.html

London
Here is a map of central London

改变框架尺寸

浏览一下你粘贴的iframe代码。应该有两个叫作width和height的属性。这些属性告诉网页，iframe（以及它嵌入的地图或视频）的长宽是多少。

`<iframe width="560" height="315" src="https://www...   ></iframe>`

更改引号之间的值。

Scratch中的函数

在第1册第4部分中,我们学习了如何创建JavaScript函数。为了扩展孩子们对函数这个重要概念的理解,教他们如何用其他语言创建函数是很有用的—— 这里我们将介绍Scratch。有关如何使用Scratch的帮助内容,请翻到本书第52页。

画一个简单的正方形

在创建一个函数来绘制正方形之前,我们将使用一个循环来画一个正方形。

1 打开Scratch。单击"**控制**"积木分组。

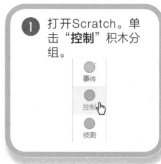

2 将"**重复执行……次**"积木拖到代码区域。

3 将循环次数更改为4。

4 单击"**运动**"积木分组。

5 拖动一个"**移动……步**"积木和一个"**右转……度**"积木,然后将度数改为 90 度。

6 从"**画笔**"积木分组中拖动"**落笔**"积木。

7 单击"**落笔**"积木运行循环,并在屏幕上绘制一个正方形。缩小您的小猫角色,或者把它移开,看看你画了什么。

为什么使用函数?

上面的程序工作得很好,但是每次我们想画一个正方形,需要使用4个积木。如果我们想改变正方形的大小,我们还需要增加额外的积木。

现在我们学习如何制作一个叫作**正方形**的函数。这个函数可以用一个模块来完成。我们给正方形函数传递一个数字来表示它有多大。

创建正方形函数

1 单击 "**自制积木**"积木分组。

2 单击 "**制作新的积木**"。

自制积木

制作新的积木

3 为你的函数起名为 "**正方形**"并输入。

正方形

4 不要单击 "**完成**"。首先单击 "**添加输入项（数字或文本）**"。

添加输入项
数字或文本

5 你的积木看起来像下图这样。

正方形 数字1

点 "**完成**"。
完成

6 开始添加代码来绘制一个正方形。

7 完成代码。

8 将 "**数字1**"积木拖动到 "**移动……步**"积木的框中。

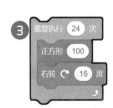

> 这样做程序将允许你选择正方形的大小并将其传递给函数。

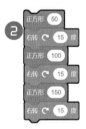

使用正方形函数

现在我们可以使用正方形函数来绘制图案。对于每个图案，我们将通过正方形函数的一些数字来告诉它正方形有多大。

单击 "**自制积木**"分组。将 "**正方形**"积木块拖到代码区域。现在尝试在代码区域创建这3个程序。依次单击每个程序来查看它们绘制了什么。翻到本书第62页可以查看参考答案。

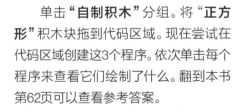

①
正方形 50
正方形 100
正方形 150

②
正方形 50
右转 15 度
正方形 100
右转 15 度
正方形 150
右转 15 度

③
重复执行 24 次
正方形 100
右转 15 度

第4部分

Python中的函数

正如我们在前面几页中所做的那样，本节课也可以做为对Scratch中的函数的扩展。你也可以将它们用作函数中的独立课程，以扩展孩子们对Python的理解。有关如何使用Python的帮助内容，请翻到本书第54页。

1

画一个简单的方块。

启动Python编辑器IDLE。

2

单击"File"和"New"，然后输入：

```
from turtle import *
for n in range(0,4):
    forward(200)
    right(90)
```

将程序保存为shapes.py。

关于使用 Python 的更多想法，见第1册第3部分。

3

单击"Run"然后单击"Run Module"来测试程序。

一个新的窗口将被打开，用于海龟图形的显示，如右图所示。

创建正方形函数

1

启动一个新文件并输入以下程序。

> 这一行开始定义函数。

> 该函数使用类似的代码，但不是使用200作为向前移动的量，而是使用称为s的变量。

```
from turtle import *

def square(s):
    for n in range(0,4):
        forward(s)
        right(90)

square(100)
```

> 这一行"调用"函数并传递它的值（100）以用作正方形的边长。

2

将程序保存为squares.py。

3

单击"Run"然后单击"Run Module"来测试程序。

一个新的窗口将被打开，用户海龟图形的显示如下图所示。

使用square函数

现在编辑你的代码的最后一部分来尝试这些程序。保存并执行程序，对它们进行测试。它们是画什么的？你可以与本书第62页的参考答案对照以核查你的答案。

```
from turtle import *

def square(s):
    for n in range(0,4):
        forward(s)
        right(90)

square(50)
square(100)
square(150)
```

```
from turtle import *

def square(s):
    for n in range(0,4):
        forward(s)
        right(90)

square(100)
right(15)
square(100)
right(15)
square(100)
right(15)
```

```
from turtle import *

def square(s):
    for n in range(0,4):
        forward(s)
        right(90)

for r in range(0,24):
    square(50)
    right(15)
```

```
from turtle import *

def square(s):
    for n in range(0,4):
        forward(s)
        right(90)

left(90)
forward(100)
for r in range(0,10):
    square(40)
    right(36)
```

```
from turtle import *

def square(s):
    for n in range(0,4):
        forward(s)
        right(90)

for r in range(0,36):
    square(50)
    right(10)
```

使用 Python，我们要小心地使用"**Tab**"键来缩进。

挑战！

现在试验使用square函数来画你自己的图案吧。

技术指导

对于孩子学习简单编程来说，编程语言LOGO是一种超级棒的语言。孩子们输入的每个指令都会有直接的反馈，这让他们能够快速地探索和试验。使用几条简短的指令，他们就能够创造出简单的图案。

初识LOGO

由于 LOGO 已经问世 40 多年了，与其他计算机编程不同，它不支持用户用它来创造游戏，但是它是一种很好的帮助孩子们理解一些关键的编程思想的方法。

如果需要在计算机上使用它，最好把 LOGO 下载到本地。虽然在线版本使用同样的指令，但是比较繁琐。用户也可以到 MSWLog 官网下载免费版 LOGO。

苹果电脑和使用 Windows 操作系统的计算机用户都可以通过访问 Turtle Academy 官网进入 "Playground" 版块，或搜索 "LOGO Interpreter" 进入 LOGO Interperter 网站，直接使用在线版 LOGO。

使用LOGO

开始使用 LOGO，单击指令框并输入一条指令（查看本书第 51 页的指令表）。例如，输入 fd 50 并敲击 "回车" 键。每个版本的 LOGO 有些许不同。有一些版本有 "Run" 按钮，另一些没有；如果没有，在输入一条指令之后，敲击 "回车" 键。

有两种方式可以输入有多条指令的长程序。孩子们可以输入第一条指令后敲击 "回车" 键，然后输入第二条指令并敲击 "回车" 键，依次类推。或者，在一行中输入所有的指令：输入第一条指令，敲击 "空格" 键，输入第二条指令，敲击 "空格" 键，依次类推。

举 例: **fd 50 rt 90 fd 50 lt 90 fd 100**
——然后敲击 "回车" 键。

敲击向上和向下键，孩子们可以依次得到输入的最后几条指令。

这是绘画区域。

这是海龟。

这是指令框。

在这里输入程序。

单击 "Rum" 按钮或者敲击 "回车" 键来测试你的代码。

fd 50 rt 90 fd 50 lt 90 fd 100

Run

引导乌龟行动

fd 50	向前走50步
rt 90	向右转90度
lt 90	向左转90度
bk 50	向后走50步
cs	擦除绘画框
seth 0	让乌龟直立
st	显示乌龟
ht	隐藏乌龟

你可以输入forward代替fd，LOGO并不区分指令的大小写——但其他大部分计算机语言是区分的。你可以修改指令后的数字，来改变乌龟转动的角度和移动的距离。这些数字被称为参数。

放置乌龟

setpos [100 200]	把乌龟放到（100，200）这个位置。
setx 100	设置x坐标值（从左至右为x坐标）为100
sety 200	设置y坐标（从底部到顶部为y坐标）为200
wrap	当乌龟到达屏幕的边缘时，折回并从屏幕的另一边缘开始出现。
fence	当乌龟到达屏幕边缘时，撞到不可见的栅栏而停止行动。

绘画

pu	抬笔：举起笔停止绘画
pd	落笔：落下笔开始绘画
setpc 5	设置笔的颜色号为5（绝大多数计算机语言都使用数字表示颜色）。
setpensize 5	设置线条的粗细为5。

循环

repea	按照一定次数重复执行一个指令序列。例如：**repeat 4 [fd 100 rt 90]** 会重复四次，前进100步然后右转90度。指令里必须包含一对方括号，代码才能正常运行。

打印

print 10+10	在屏幕上打印20
print heading	打印标题（乌龟面对的角度）到屏幕上。
print xcor	打印乌龟当前位置的x坐标值到屏幕上。
print ycor	打印乌龟当前位置的y坐标值到屏幕上。
ct	清除屏幕打印的文本

角度

要用 LOGO，必须要理解角度的概念。比如，孩子们知道 90 度是一个直角或者 1/4 圈这类概念才能进行简单的绘画。LOGO 给了孩子们一个完美的环境去探索和发现角的概念。一旦孩子们掌握了如何利用 rt 90 去画一个直角来转弯，然后就试着告诉他们把 90 替换为 45 后会发生什么。

预估

一旦孩子们学习了怎样移动乌龟10步或20步，就要尝试问一些类似下面的问题："到达屏幕边缘需要向前走多少步？"或者把你的手指放到屏幕上，然后问："乌龟需要多少步才能到达我的手指？"

```
fd 60
rt 45
fd 60
rt 45
fd 60
rt 45
fd 60
...
```

LOGO!

技术指导

Scratch是一种和LOGO用法相似的编程语言，在LOGO中我们可以操控一个乌龟（在Scratch中叫作"角色"）在屏幕上移动。但是，在Scratch中，不需要录入指令，你可以拖曳和连接积木。Scratch学习起来很有趣，可以用来编写游戏，创作图案和添加声音效果。

初识Scratch

在使用Windows系统的计算机或者苹果电脑上你都可以使用Scratch。访问Scratch官网然后单击"创建"。

有一个非常相似的网站叫作"Snap"，它可以在iPad上工作。

如果你想不通过网络运行Scratch，你可以从Scratch官网下载安装包。

使用Scratch

选择一个指令组。

这是你的指令控制的角色。

这是当前所选组的指令。

这是代码区，在这里你可以拖曳你的代码。

这个区域称为舞台，你可以在这里观察到角色的动作。

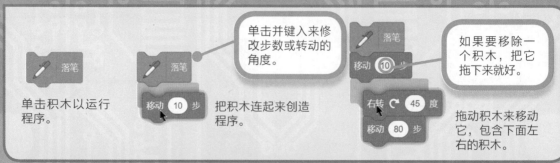

单击并键入来修改步数或转动的角度。

如果要移除一个积木，把它拖下来就好。

单击积木以运行程序。

把积木连起来创造程序。

拖动积木来移动它，包含下面左右的积木。

保存你的工作

单击页面左上角的"文件"菜单，接着单击：

保存到电脑——保存文件。

从电脑中上传——打开你曾经保存的文件。

新作品——开始新的工作。

运动组

 向前移动角色。

左转 ↻ 15 度 向右转动角色。

左转 ↻ 15 度 向左转动角色。

面向 90 方向 让角色面向上、下、左、右方向。

 让角色面向鼠标指针或者其他角色。

将x坐标设为 0 设置角色的x坐标（从左往右）。

将y坐标设为 0 设置角色的y坐标（上或者下）。

声音组

 播放或者记录一个声音文件。

播放一个音符。

 选择哪个乐器播放它。

 播放一个鼓声。

事件组

当 🚩 被点击 当绿旗被点击时运行下面的指令。

当按下 空格 ▾ 当选择的按键被按下时运行下面的指令。

检测组

问 你叫什么名字? 并等待 问用户一个问题。存储一个问题的答案。

回答

碰到 鼠标指针 ▾ ? 和**"重复执行直到……"**积木或者**"如果……那么"**积木一起使用来判断目标角色是否碰到某个角色。

碰到颜色 ⬤ ? 和**"重复执行直到……"**积木或者**"如果……那么"**积木一起使用来判断目标角色是否碰到某个颜色。

外观组

说 你好! 显示消息。

说 你好! 2 秒 显示消息后隐藏。

显示 显示角色。

隐藏 隐藏角色（让它消失）。

画笔组

全部擦除 清空屏幕。

落笔 当角色移动的时候画图。

抬笔 停止画图。

将笔的 颜色 ▾ 设为 1 选择绘画颜色。

将笔的粗细设为 1 选择线条粗细。

控制组

重复执行 10 次 重复执行10次"C"形积木包裹的指令。

重复执行 无限次执行"C"形积木包裹的指令。

重复执行直到 重复执行指令直到六边形中的条件变为真。

如果 那么 如果六边形中的条件为真，执行指令。

重复执行指令直到六边形中的条件变为真。

如果六边形中的条件为真，执行指令。

如果 那么 否则 如果六边形中的条件为真，执行顶端"C"形积木包裹的指令，否则执行底部"C"形积木包裹的指令。

运算组

 用**"重复执行直到……"**积木或**"如果"**积木来检查值是否相等。生成一个随机数。

常见困难

1. 指令顺序错误。尝试改变积木顺序看看问题是否解决。

2. 孩子们经常把向左转和向右转弄混，或者将设置X轴和设置Y轴用反。手边最好常备一个图表或者一个标注了"左"和"右"的纸质"乌龟"。

3. 当多个角色被使用，在添加或者修改代码之前，很容易忘记单击正确的角色。

4. 一些设置信息持续生效。例如，在让一个程序画形状之前，单击"落笔"积木（但是在程序中忽略了"落笔"积木），然后保存程序。形状可以画出来，是因为Scratch"记得""落笔"积木。但是，如果你第二天打开程序，形状就不会画出来了，这是因为**"落笔"**积木不是程序的一部分。

5. 使用**"碰到颜色"**积木时要小心。要保证颜色通过拾色器被正确地拾取。

技术指导

Python是一种能够帮助孩子们学习更复杂思想和技术的计算机语言。使用Python创作程序，你需要小心地键入所有的指令。你可以免费下载Python，并使用IDLE软件键入和编辑Python程序。

初识Python

在使用Windows操作系统的计算机上安装和运行Python：

1. 访问Python官网。
2. 单击"下载"，然后选择"下载Python"（版本3.4或更高版本）。
3. 双击下载的文件，然后按照屏幕上的说明步骤做。
4. 单击"**开始**"按钮，单击"**Python**"，再单击"**IDLE**"。（在Windows 8操作系统中，在屏幕的右上角单击"搜索"，然后键入"idle"，在搜索结果中单击此程序来运行它。）

在苹果电脑上安装和运行Python：

1. 访问Python官网。
2. 单击"下载"，然后选择"下载Python"（版本3.4或更高版本）。
3. 双击下载的文件，然后按照屏幕上的说明步骤做。
4. 为了快速使用Python，单击"**Spotlight**"。
5. 打字输入"**idle**"然后敲击回车键。

在苹果电脑上给Python制作一个图标。

在苹果电脑上找到Python的简单方式：

1. 打开"**Finder**"。
2. 单击"**应用**"。
3. 单击"**Python**"。
4. 拖动IDLE图标到屏幕底部或两边的"**dock**"（菜单栏）。

使用 Python

当你要创建一个新的 Python 程序时：

- 打开 Python 编辑器 IDLE。

- 单击"**File**"，然后单击"**New File**"。在 IDLTE 窗口中键入你的代码。

- 在运行一个程序之前，你需要先保存它（见右侧的说明）。

- 单击"**Run**"菜单，再单击"**Run Module**" 来运行它，或者按"**F5**"键。这将会打开一个新的窗口来显示你的程序的输出结果。如果你使用了乌龟库，另一个窗口会被打开来显示你的代码的图形输出。

保存你的工作

单击页面左上角的 "**File**" 菜单。然后单击：

Save——保存文件到你的计算机上。

Open—— 打开你之前保存的文件。或者单击 "**File**" "**Recent File**"，然后选择你的文件。

New——打开新的工作。

更多帮助		
指令	功能	用例
print	输出屏幕上的一个字符串	print("Hello")
input	让用户输入一个值	n=input("How old are you?")
if	测试条件是否为真或假	if n==10
else	运行一个放在"if"语句后面，条件为假时的代码段	else: 　　print("wrong")
for...in...range	完成一个重复循环	for n in range(0,10):
from...import...	导入一个代码库，例如包括一个图形指令	from random import *
turtle	一个图形库	from turtle import *
forward or fd	向前移动乌龟	forward(10)
left or lt	让乌龟左转	left(90)
right or rt	让乌龟右转	right(45)
pendown or pd	落笔：当乌龟移动时画图	pd()
penup or pu	抬笔：当乌龟移动时不画图	penup()
goto	移动乌龟到特定的坐标	goto(200,100)
color	设置乌龟画图的颜色。注意是美式英语的拼写方法："color"	color("orange")
random	一个生成和操作随机数的库	from random import *
randint	生成两个数值之间的随机数	dice=randint(1,6)
choice	从列表中随机选取一个值	days=["M","Tu","W","Th","F"] print(choice(days))
int	把一个字符串转换成一个整数	n=int("10")
tab	"Tab"键可以用来缩进"if"语句后的代码（Python 也接受 4 个空格）	print("You are ten.")

常见困难

① 括号、引号缺失或者不匹配。鼓励孩子们检查他们输入的内容。Python 会给出一些警告："EOL while scanning string literal"意味着有一个错误的引号；"unexpected EOF while parsing"意味着最后一行有东西缺失，通常是一个括号。

② 缩进不正确。不要忘记在"if"指令和循环指令后面使用 Tab 符。IDLE 自动添加，但是如果孩子们想要在"if"语句后面有一些事情发生，他们需要添加 Tab 符如果他们只希望一件事情发生，他们需要删除一个 Tab 符。

③ "for"循环的范围不正确。范围从第一个数字开始，但是停止于第二个数字的前一个数字。例如，for n in range(1,10)语句的循环运行顺序是从 1 到 9。这与生成一个随机数不同：randint(1,10)生成了一个从 1 到 10 之间的随机数。

④ 当要恢复一个程序时，通过选择"Save"而非"Open"，则会意外地删除保存过的文件：这会用一个空白的文件替代先前的文件！孩子们应该从"Recent files"列表恢复他们的工作。

⑤ 代码键入错误。鼓励孩子们在键入代码时，等待 IDLE 自动给他们的代码高亮和添加颜色。

技术指导

创建网页有许多不同的方式。这个系列要向孩子们介绍HTML（超文本标记语言）这种用来编写网页的语言。在开始学习之前，你需要一个文本编辑器（使用Windows系统的计算机上的记事本、苹果电脑上的TextEdit），还需要一个浏览器（例如IE、Safari或者Chrome）。

在使用Windows操作系统的计算机上：

单击："**开始**"→"**程序**"→"**附件**"→"**记事本**"。

在Windows 8上：在屏幕的右上角，单击"**搜索**"，键入"**记事本**"，然后单击相关程序来运行它。

在苹果电脑上：

单击："**Spotlight**"
键入："**textedit**"
按下："**Enter**"键

在屏幕的右上方

如果你正在使用苹果计算机上的TextEdit：

你需要确保页面使用正确的方式保存并且智能引号被关闭。单击"**TextEdit**"菜单和"**参数**"。然后单击"**纯文本**"，并取消对"**智能引号**"的勾选。

在屏幕上摆放软件窗口的方式

教孩子们把文本编辑器窗口放在左边，把浏览器窗口放在右边，这样他们在修改、保存文件后，就可以通过右侧浏览器中的刷新按钮来预览它。

单击"**刷新**"按钮来看看变化。它看起来像弯曲的箭头。

文本编辑

```
<html>
 <h1>My short story</h1>
 <p>Once upon a time</p>
</html>
```

尝试修改一些代码。单击"**文件**"和"**保存**"。

浏览器

//desktop/headings.html

My short story

Once upon a time

更高级的编辑器

在刚开始制作HTML页面时，孩子们可以使用记事本或者TextEdit，但是进一步使用HTML和其他网站技术，孩子们需要一个更专业的文本编辑器。一个为编写HTML设计的文本编辑器可以改变关键字的颜色，并且检查所有的标识符是否被正确输入。Sublime编辑器是一个非常有用的文本编辑器，可以在它的官网免费下载和试用。

标签	功能	用例
<html>...</html>	开始和结束一个 HTML 文件	<html> ... </html>
<body>...</body>	body 标签包含了一个 html 文件的内容	<html> <body> ... </body> </html>
<h1>...</h1> <h2>...</h2> <h6>...</h6>	heading 标签用于设置标题 <h1> 类型的 heading 标签是最重要的， 也是最大的	<h1> 我的页面 </h1>
<p>...</p>	paragraph 标签用于起始和结束段落	<p> 很久以前有一个怪物。它的名字是咕嘟 </p>
 	br 标签用于在网页上换行	第一行 第二行
<a>...</a>	anchor 标签用于开始和结束一个链接， 这个链接通常是另一个页面	<a href="page2.html"> 下一页 </a>
<img>	Image 标签用于插入图片	<img src="dog.jpg">
<button>...</button>	button 标签用于放置按钮	<button>OK</button>
<title>...</title>	title 标签用于设置页面标题（显示在浏览 器的标题栏）	<title> 这将显示在页面顶部 </title>
<strong>... </strong>	被 strong 标签包括的文本将会用黑体显示	这是一个 <strong> 迷人 </strong> 的一天
<em>...</em>	被 em 标签包括的文本将会用斜体显示	这 <em> 特别 </em> 的一天
<mark>... </mark>	被 mark 标签包括的文本将会高亮显示	你选择了是 <mark> 否 </mark>

为了将介绍内容简化，我们使用了最小化的 HTML 代码来展示书中的网页。如果孩子们想要设计能够在网站上使用的页面，他们应该在每个 HTML 文件前加上 **<!DOCTYPE html>**，并且使用 **<body>** 和 **<title>** 标签。

常见问题

1. 文件类型键入错误。文件一定要被保存成.html。

2. 不是在纯文本模式下工作。如果用苹果电脑，一定要设置成纯文本模式。

3. 必须关闭智能引号。引号应该是竖直引号，"or"而不是 "or"。

4. 打开了一个错误的或者过期的文件。很多时候孩子们编辑并保存了一个文件，打开的时候却使用了保存在另一个地方的文件。要保证保存的文件是当前编辑的文件，并且要刷新浏览器才能看到更新。

5. 标签拼写错误或者缺失。检查标签的正确性。用专门的HTML编辑器来检查非常简单。保证标签在恰当的地方闭合。

6. 引号或括号不匹配。保证每一个起始括号都有一个对应的结束括号对应，引号也是如此。单引号匹配单引号，双引号匹配双引号。

HTML 样式

第 4 部分中只向孩子们做了简单介绍，教他们如何修改页面一个目标的颜色和样式。大网站还会用额外的 CSS（Cascading Style Sheets，层叠样式表）文件来描述这些。这里我们用一个简单的方法来了解一下概念，把样式属性放置到标签中。

样式标签
为了理解样式标签，尝试以下代码：

```html
<html>
  <body style="background-color:yellow">
    <h1 style="color:red">Web</h1>
    <p style="color:green">Internet</p>
  </body>
</html>
```

浏览器
//desktop/headings.html

Web
Internet

多个样式属性可以用分号隔开一起使用：

```html
<p style='color:pink; text-align:left'>Hi</p>
```

HTML、JavaScript和CSS

大多数网页使用3种语言或技术的组合：HTML、JavaScript和CSS。

HTML语言告诉浏览器页面上要做什么。它指明了页面上显示的文本、图片、视频或其他对象。HTML不能计算或者响应用户输入，除了装载新页面等简单动作。

JavaScript用来配合HTML增加交互功能，因而能够使页面内容变化、移除或者隐藏。JavaScript可以进行计算，并且现在是一种可用来独立编程的语言。

CSS用来指明网页中显示对象的外观。CSS正在变得日益重要，因为人们要在从智能手机到大屏幕电视机等不同的设备上浏览网页。

有用的HTML样式属性

样式属性	属性用途	示例
background-color	设置一个页面中元素的背景颜色	background-color:red
color	设置元素的颜色，比如说一些文本的颜色	color:blue
font-size	设置一些包含文本的元素的字体大小	font-size:36px
font-family	设置一些文本的字体名	font-family:'Times New Roman'
text-align	中间对齐、左对齐或者右对齐	text-align:center
border-style	给一个 HTML 元素创建边框	border-style:dotted
padding	设置一个元素的边缘和内部内容的空白距离	padding:10px

文中用到的尺寸单位 px 表示像素。注意一些单词是按照美式英语习惯拼写的，如"color"和"center"。

JavaScript

技术指导

当孩子们学会了用HTML语言来创建简单的网页后，很有必要再去学习一些JavaScript语言。JavaScript让孩子们能够控制用户单击一个按钮或者加载一个网页后可以发生什么，这使他们的网页更具有交互性。

加入JavaScript代码

有很多方法把JavaScript代码加入到网页。在大的网站，JavaScript代码会从不同的文件加载。为了给孩子们一个简单的尝试，在这里我们把JavaScript代码放到网页中，并且使用简单的HTML事件属性来运行代码。在第1册第4部分的示例中，JavaScript代码用两种方式添加。

1 被包括在**<script>**和**</script>**标签中，表示加载页面后要运行JavaScript代码。

2 添加在HTML的单击事件属性中。例如：

<button onclick='alert("Hi")'>Press<button>

请记住：
HTML=网页上有什么。
JavaScript=网页要做什么。
CSS=网页要显示成什么样子。

有用的JAVASCRIPT命令

命令	命令用途	示例
alert()	向用户显示信息	**alert('Hello world')**
var	定义变量	**var score=0**
for	执行一个重复一定次数的循环	**for(var n=0;n<10;n++)**
document.write()	给网页添加内容	**document.write(1)**
document.writeln()	给网页添加内容并换行（需要把 **<pre>** 标签也添加到网页）	**document.writeln(1)**
if	检查一个条件是否为真，如果为真则执行	**if(age==10)alert('Ten')**
else	如果条件为假则执行	**else alert('You are not ten')**
function	定义一个函数	**function sayHello()** **{** **Alert('Hello!')** **}**

附录

　　本书中的每一种编程语言都有助于孩子们理解编程的关键概念。每种语言都有他们的强项和弱点，而且不是每种语言都涵盖了所有概念。因此让孩子们比较这几种语言相似的概念，会从两方面帮助孩子们：第一，它会帮助孩子们更深地理解编程的概念；第二，它会帮助孩子们从一种语言迁移到另外一种语言，使他们的学习更进一步。

	LOGO	Scratch	Python	HTML/JavaScript
样式属性				
循环	repeat 10[...]	重复执行 10 次	for n in range(10):	for (var n=0;n<10;n++)
循环计数	repeat 10 [print repcount]	将 n 设为 1 / 重复执行 10 次 / 说 n 1 秒 / 将 n 增加 1	for n in range(10):	for (var n=0;n<10;n++)
选择	在这个系列中LOGO没有用到相似概念。	询问 名字? 并等待 / 如果 回答 = 艾达 那么 / 说 你好!	for n in range(10):	for (var n=0;n<10;n++)

结构	在这个系列中LOGO没有用到相似概念。	(积木图) 放弃"C"中所有的命令。	if answer=="Ada":
			　print("Hello!")
			　print("World!")
			使用 Tab 键缩进代码行
				if(answer=="Ada"){
				　alert("Hello!");
				　alert("World!");
				}
				用大括号把代码行包围起来，在一行的末尾放一个分号。

变量	在这个系列中LOGO没有用到相似概念。	将 a 设为 10 / 将 a 增加 20 / 将 a 设为 a * 20	a=10
			a=a+20
			a=a*2 把 a 加倍
				var a=10;
				a=a+20;
				a=a*2;
				第一次使用变量时，需要用**var**关键字声明该变量。

随机数	在这个系列中LOGO没有用到相似概念。	在 1 和 6 之间取随机数	randint(1,6) 使用随机函数之前需要导入随机库："from random import"*	parseInt(1+6*Math.random())

* 注意这些都是代码的简单摘要。它们需要被放在程序里来展示。

附录

每个孩子的学习进度不同。如果想通过学习这个系列的书籍成为更好的程序员，他们需要理解和应用一些关键思想。下面的表格可以帮助孩子们确定他们的进度。

第 1 部分

☐ 我理解计算机需要指令才能做事情。

☐ 我知道指令需要精确。

☐ 我知道指令需要以正确的顺序排列。

☐ 我能够使用 LOGO 指令让乌龟在屏幕上移动。

☐ 我能够使用 Scratch 指令让角色在屏幕上移动。

☐ 我知道想要改变程序运行的方式就要输入内容。

☐ 我可以写一个程序，通过按键来控制角色移动。

☐ 我可以独立写一个简单的程序，让角色在屏幕上移动。

☐ 我可以调试我的程序，发现并修正简单的错误。

第 2 部分

☐ 我能够解释什么是循环以及为什么程序要使用它们。

☐ 我能够使用 LOGO 或者 Scratch 编写一个带有"repeat"（重复）的循环程序来画一个图形。

☐ 我理解重复执行特定次数的循环和无限循环之间的区别。

☐ 我可以使用"重复执行自制……"积木来写一个游戏。

☐ 我知道声音是程序的一种输出信号，我可以写一个播放声音的程序。

☐ 我知道变量是什么，如何使用它给程序添加分数。

☐ 我能够写一个使用变量的游戏。

☐ 我能够调试我的程序并修正错误。

第 3 部分

☐ 我知道选择语句和"if"命令是用来干什么的。

☐ 我可以使用"if"和"else"写一个简单的答题程序。

☐ 我可以使用 Python 在屏幕上打印信息和做简单的运算。

☐ 我可以使用"for"循环打印一系列数字。

☐ 我理解什么是随机数，可以在简单程序中使用它们。

☐ 我能够使用循环、变量和"if"命令制作一个简单的游戏。

☐ 我能够仔细阅读我的代码并分析出错误在哪里。

第 4 部分

☐ 我理解网站如何使用 HTML 网页和互联网如何把计算机都连接到一个网络中。

☐ 我能够编写简单的网页，会使用不同大小的标题和文本。

☐ 我能够使用链接标记把页面链接起来。

☐ 我知道当按钮被按下时或者网页加载时，网页如何调用 JavaScript。

☐ 我能够使用 JavaScript 制作简单循环程序在页面上打印一个序列。

☐ 我能够解释为什么使用函数是一个好想法。

☐ 我能够理解我从调试工具中得到的一些消息。

☐ 我能够制作一个小网站项目，把一些包括文本和图片的网页链接起来。

附录

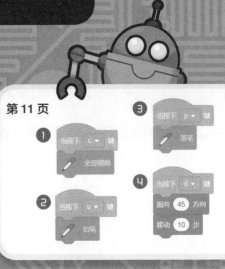

第 9 页

1. 48 次单击。
2. 5 次单击 = 移动 96 步，2 次单击 = 移动 240 步。整个屏幕的宽度为 480 步。

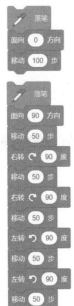
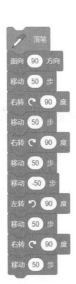

第 10 页

1.

2.

3.

第 11 页

1. 2. 3. 4.

第 16 页

repeat 72 [repeat 4 [fd 100 rt 90] rt 5]

第 20 页

编辑"Change s by 1"模块，修改成"Change s by 2"，"Change s by 5"或"Change s by 10"

第 39 页

1. for(var n=0; n<41; n+=10)
2. for(var n=2; n<11; n+=2)

第 47 页

1. 2. 3.

第 49 页

图 1，2，3和第 47 页一样。

4. 5.

算法：解决问题的一系列步骤，或者定义程序的一系列规则。

属性：一个对象的额外信息，如宽度和高度。

浏览器：一个浏览网站和 HTML 页面的程序。流行的浏览器有 Chrome、IE、火狐和 Safari。

坐标：一个对象在一个平面上的位置，由 x 坐标（从左到右）和 y 坐标（从下到上）的值决定。

CSS（层叠样式表）：用来存储网页详细样式信息的语言。

调试：修改计算机程序的问题（错误）。

下载：使用互联网从一台计算机复制数据到另一台计算机。

编辑器（或文本编辑器）：一个键入、编辑程序的程序。

嵌入：在一个网页中包括来自其他网站的视频或者地图。

事件：当程序运行时发生的一些事情：例如一个按键被按下，程序开始运行。

函数：被创造出来用来做一件事情的一系列指令，例如每次运行或调用时画一个正方形。

HTML（超文本标记语言）：用来定义网页上的对象的语言。

HTTP（超文本传输协议）：在互联网上传输 HTML 网页的协议。

超链接：通过单击鼠标或者操作触摸屏，链接到其他网页上。

IDLE：用来写 Python 代码的编辑器。

if……then……else：编程通用的选择结构，如果条件为真，一个指令执行，如果条件为假，另一个指令执行。

导入：把数据从一个程序带到另一个程序。

缩进：使用制表符或者空格来从左往右移动一行代码。

输入：用来告诉程序做事情的一个动作（如按下按键）。

整数：一个完整的数字。在代码中，它代表着一种用来存储完整数字的变量。

互联网：一个由计算机组成的全世界范围内的网络。

JavaScript：用在一些网页中的编程语言。

计算机语言：一个包括单词、数字、符号和规则的，用来写程序的系统。

库：已经保存好、随时可以使用的一系列的指令。

监听器（或事件监听器）：一行代码或函数，只有当一个特定事件发生时才会运行，如按钮被单击。

LOGO：一种控制乌龟在屏幕上移动来绘图的计算机语言。

循环：重复一些次数的一系列指令。

主循环：游戏或者程序中的一个循环，包括了程序的主要部分。

网络：一组由网线连接起来的计算机，如今通常用无线信号连接。

在线：连接到互联网。

运算：一段执行数学或逻辑运算的代码。

输出：计算机程序用来显示程序结果的方式。

参数：传给一个指令的数值。如在指令 fd(50) 中，参数就是 50。

像素：在计算机或平板电脑屏幕上的一个小点。

纯文本：其中内容使用相同大小、字体、颜色的字符的存储文本。

程序：告诉计算机如何做事情的一系列指令。

Python：一种文本编程语言。

Scratch：一种使用积木编程的图形化编程工具。

选择：计算机程序在一个简单问题或者数值判断后，选择运行哪个指令的方式。

服务器：存储并发送网页的一个或一组计算机。

角色：Scratch 中可以在屏幕上移动的卡通形象。

字符串：一系列积木或符号。字符串是一种变量，它可以包括数字，但是你不能对它进行数学操作。

附录

标签： 特定的单词和符号，用来描述网站上的对象。它们总是被尖括号 <> 包围。

乌龟： 在 LOGO 或 Python 中，在屏幕上到处移动并绘图的机器人。

URL（统一资源定位符）： 一个网站或 HTML 页面的地址或定位。它通常出现在浏览器窗口的顶部。

变量： 计算机程序存储的一个或一组数据。

网页： 一页使用 HTML 构成的、连接到万维网的信息。

万维网（或网络）： 包含全世界范围内所有网络的 HTML 文件，我们可以通过网络访问它。